Projeto LUMIRÁ

CIÊNCIAS 2

Organizadora: Editora Ática S.A.

Obra coletiva concebida pela Editora Ática S.A.

Editora responsável: Heloisa Pimentel

Material de apoio deste volume:

- Cartonados e adesivos

editora ática

editora ática

Diretoria editorial
Lidiane Vivaldini Olo
Gerência editorial
Luiz Tonolli
Editora responsável
Heloisa Pimentel
Coordenação da edição
Isabel Rebelo
Edição
Daniella Drusian Gomes
Gerência de produção editorial
Ricardo de Gan Braga
Arte
Andréa Dellamagna (coord. de criação),
Talita Guedes (progr. visual de capa e miolo),
André Gomes Vitale (coord.),
Mauro Roberto Fernandes (edição)
e Casa de Tipos (diagram.)
Revisão
Hélia de Jesus Gonsaga (ger.), Rosângela Muricy (coord.),
Ana Paula Chabaribery Malfa, Gabriela Macedo de Andrade,
Heloísa Schiavo e Luís Maurício Boa Nova,
Brenda Morais e Gabriela Miragaia (estagiárias)
Iconografia
Sílvio Kligin (superv.),
Denise Durand Kremer (coord.), Caio Mazzilli (pesquisa)
Cesar Wolf e Fernanda Crevin (tratamento de imagem)
Ilustrações
Estúdio Icarus CII – Criação de Imagem (capa),
Biry Sarkis, Christiane Messias, Giz de Cera,
HQZart, Jorge Zaiba, Mauro Nakata, Renato Ventura,
Rubem Filho, Simone Ziasch, Vicente Mendonça (miolo)
e Ricardo Souza (cartonados)

Direitos desta edição cedidos à Editora Ática S.A.
Avenida das Nações Unidas, 7221, 3º andar, Setor A
Pinheiros – São Paulo – SP – CEP 05425-902
Tel.: 4003-3061
www.atica.com.br / editora@atica.com.br

Dados Internacionais de Catalogação na Publicação (CIP)
(Câmara Brasileira do Livro, SP, Brasil)

Projeto Lumirá : ciências : 2º ao 5º ano / obra coletiva concebida pela Editora Ática ; editora responsável Heloisa Pimentel. – 2. ed. – São Paulo : Ática, 2016. – (Projeto Lumirá : ciências)

1. Ciências (Ensino fundamental) I. Pimentel, Heloisa. II. Série.

16-01516 CDD-372.35

Índices para catálogo sistemático:
1. Ciências : Ensino fundamental 372.35

2016
ISBN 978 85 08 17866 7 (AL)
ISBN 978 85 08 17867 4 (PR)
Cód. da obra CL 739144
CAE 565 901 (AL) / 565 902 (PR)

2ª edição
1ª impressão

Impressão e acabamento
Corprint Gráfica e Editora Ltda.

Elaboração de originais

Cláudia Cristina Pereira Mendes

Habilitada para o Magistério em Educação Infantil e Ensino Fundamental (1º ao 5º ano)
Licenciada em Pedagogia pela Faculdade Taboão da Serra (SP)
Pós-graduada (*lato sensu*) em Distúrbios da Aprendizagem pelo Centro de Referência em Distúrbios da Aprendizagem
Professora do Ensino Fundamental da rede particular de ensino de São Paulo (SP)

Marianka Gonçalves Santa Bárbara

Licenciada em Letras pela Universidade Federal de Campina Grande (UFCG-PB)
Mestra em Linguística Aplicada pela Pontifícia Universidade Católica de São Paulo (PUC-SP)
Professora da Cogeae-PUC-SP

Projeto LUMIRÁ

ESTE É O SEU LIVRO DE
CIÊNCIAS DO 2º ANO.

ESCREVA AQUI O SEU NOME:

....

....

ESTE LIVRO VAI AJUDAR VOCÊ A PENSAR SOBRE TUDO O QUE VOCÊ JÁ SABE, A INVESTIGAR O MUNDO, A QUESTIONAR O QUE VAI APRENDER E A DESCOBRIR MUITO MAIS SOBRE O AMBIENTE, AS PLANTAS, OS ANIMAIS E O CORPO HUMANO.

BOM ESTUDO!

CARO ALUNO

VOCÊ ESTÁ COMEÇANDO SEU ANO ESCOLAR. AO LONGO DESSE TEMPO, VOCÊ VAI APRENDER COISAS NOVAS E IMPORTANTES PARA O SEU DIA A DIA E PARA O FUTURO, COMO:

- LER E ESCREVER, RECONHECENDO PALAVRAS, SONS E TEXTOS;
- IDENTIFICAR NÚMEROS, OPERAÇÕES E FIGURAS;
- CONHECER O CORPO HUMANO, OS ANIMAIS E A NATUREZA;
- DESVENDAR O LUGAR EM QUE VIVEMOS;
- ENTENDER A HISTÓRIA DAS PESSOAS E DAS CIDADES.

O **PROJETO LUMIRÁ** VAI SER SEU COMPANHEIRO. NELE VOCÊ VAI ENCONTRAR TEXTOS, ATIVIDADES, JOGOS, ILUSTRAÇÕES E FOTOGRAFIAS MUITO INTERESSANTES. VOCÊ VAI APRENDER, PARTICIPAR DAS DESCOBERTAS E SE DIVERTIR MUITO.

BOM ESTUDO!

COMO É O MEU LIVRO?

ESTE LIVRO TEM 4 UNIDADES, CADA UMA DELAS COM 3 CAPÍTULOS. NO FINAL, NA SEÇÃO **PARA SABER MAIS**, HÁ INDICAÇÕES DE LIVROS, VÍDEOS E *SITES* PARA COMPLEMENTAR SEU ESTUDO.

ABERTURA DE UNIDADE

VOCÊ OBSERVA A IMAGEM, RESPONDE ÀS QUESTÕES E TROCA IDEIAS COM OS COLEGAS E O PROFESSOR SOBRE O QUE VAI ESTUDAR.

CAPÍTULOS

TEXTOS, FOTOGRAFIAS, ILUSTRAÇÕES E EXPERIMENTOS VÃO MOTIVAR VOCÊ A PENSAR, QUESTIONAR E APRENDER. HÁ ATIVIDADES AO LONGO DE CADA TEMA. NO FINAL DO CAPÍTULO, A SEÇÃO **ATIVIDADES DO CAPÍTULO** TRAZ MAIS EXERCÍCIOS PARA COMPLETAR SEU ESTUDO.

GLOSSÁRIO

O GLOSSÁRIO EXPLICA O SIGNIFICADO DE ALGUMAS PALAVRAS QUE TALVEZ VOCÊ NÃO CONHEÇA.

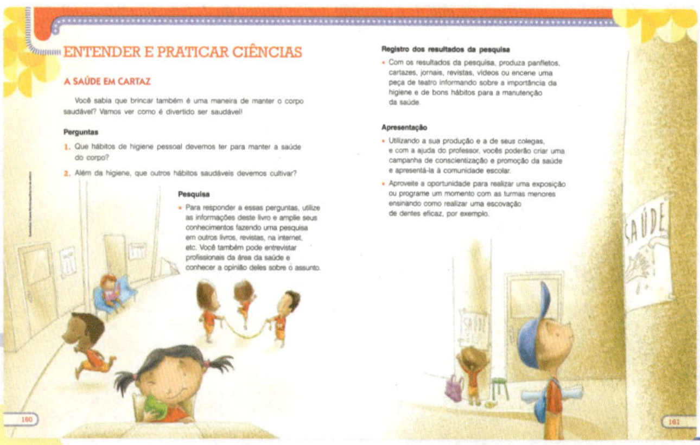

ENTENDER E PRATICAR CIÊNCIAS

AQUI VOCÊ VAI FAZER EXPERIMENTOS, PESQUISAS E OUTRAS ATIVIDADES IMPORTANTES EM CIÊNCIAS.

LEITURA DE IMAGEM

AQUI VOCÊ VAI FAZER UM TRABALHO COM IMAGENS. ELAS AJUDAM VOCÊ A REFLETIR SOBRE OS TEMAS ESTUDADOS: O QUE É PARECIDO COM SEU DIA A DIA, O QUE É DIFERENTE.

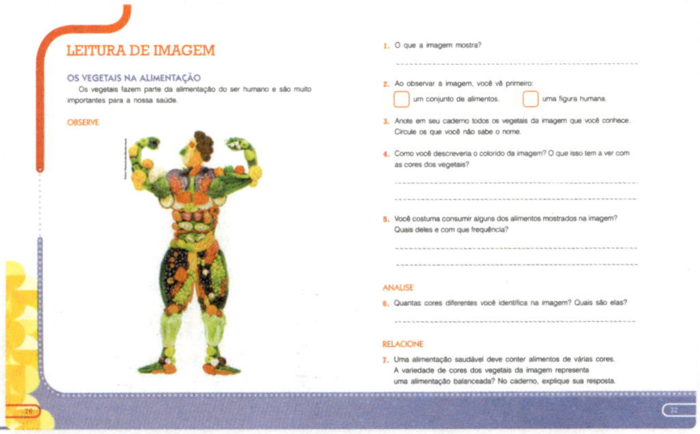

ÍCONE

ATIVIDADE ORAL

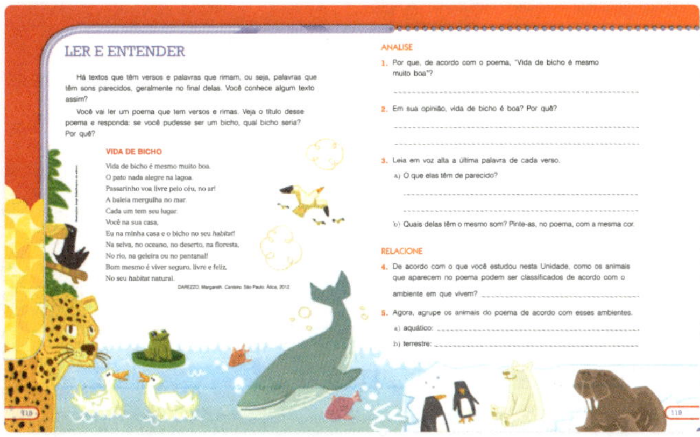

LER E ENTENDER

NESTA SEÇÃO VOCÊ VAI LER DIFERENTES TEXTOS. PODE SER UM POEMA, UM RÓTULO DE PRODUTO OU UMA NOTÍCIA. UM ROTEIRO DE PERGUNTAS VAI AJUDAR VOCÊ A LER CADA VEZ MELHOR E A RELACIONAR O QUE LEU AOS CONTEÚDOS ESTUDADOS.

O QUE APRENDI?

AQUI VOCÊ ENCONTRA ATIVIDADES PARA PENSAR NO QUE APRENDEU, MOSTRAR O QUE JÁ SABE E REFLETIR SOBRE O QUE PRECISA MELHORAR.

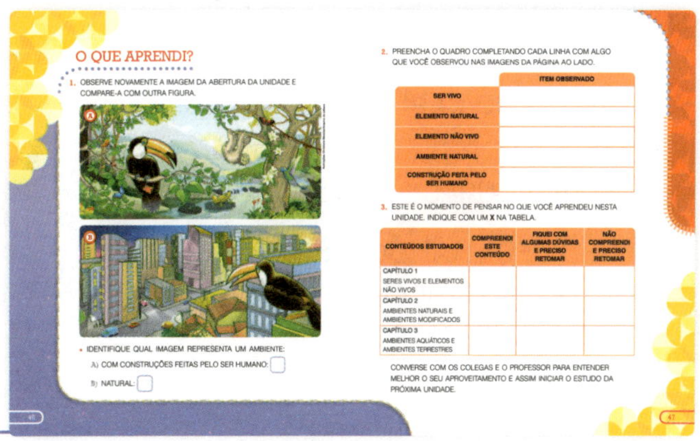

SEMPRE QUE POSSÍVEL, O TAMANHO APROXIMADO DE ALGUNS SERES VIVOS É APRESENTADO POR ESTE SÍMBOLO. QUANDO A MEDIDA FOR APRESENTADA POR UMA BARRA VERTICAL, SIGNIFICA QUE ELA SE REFERE À ALTURA. QUANDO FOR REPRESENTADA POR UMA BARRA HORIZONTAL, SIGNIFICA QUE SE REFERE AO COMPRIMENTO, QUE, NO CASO DOS ANIMAIS, NÃO CONSIDERA O TAMANHO DA CAUDA.

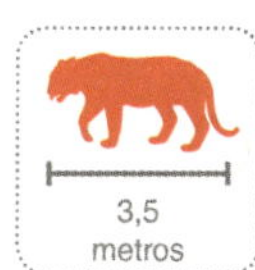

SUMÁRIO

UNIDADE 1

UNIDADE 2

UNIDADE 3

UNIDADE 4

UNIDADE 1

O AMBIENTE

IMAGEM REPRESENTATIVA. OS ELEMENTOS DA IMAGEM NÃO ESTÃO EM TAMANHO PROPORCIONAL ENTRE SI.

Christiane Messias/Arquivo da editora

- OBSERVE O AMBIENTE QUE APARECE NA IMAGEM. VOCÊ JÁ VIU ALGUM AMBIENTE PARECIDO? COMO ELE ERA?
- EXISTEM SERES VIVOS NESTA IMAGEM? QUAIS?
- VOCÊ ACHA QUE OS SERES VIVOS SE RELACIONAM COM O AMBIENTE? COMO?

CAPÍTULO

1 O AMBIENTE NATURAL E SEUS COMPONENTES

ELEMENTOS NATURAIS NÃO VIVOS

OS AMBIENTES SÃO COMPOSTOS DE **SERES VIVOS** E DE **ELEMENTOS NÃO VIVOS**.

OS ELEMENTOS QUE NÃO TÊM VIDA PODEM SER NATURAIS, COMO A ÁGUA E O AR, OU PODEM SER CONSTRUÍDOS PELO SER HUMANO, COMO AS CASAS, AS RUAS E AS PONTES.

- **COMPLETE O QUADRO COM OS ELEMENTOS QUE APARECEM NA IMAGEM DESTA PÁGINA.**

ELEMENTOS NÃO VIVOS		SERES VIVOS
NATURAIS	CONSTRUÍDOS PELO SER HUMANO	

HQZart/Arquivo da editora

A LUZ, O AR, A ÁGUA E O SOLO SÃO ALGUNS DOS ELEMENTOS NATURAIS QUE NÃO TÊM VIDA. NO ENTANTO ELES SÃO FUNDAMENTAIS PARA A EXISTÊNCIA DOS SERES VIVOS. POR EXEMPLO, AS PLANTAS E OS ANIMAIS NÃO CONSEGUEM SOBREVIVER SEM ÁGUA.

OS ELEMENTOS NATURAIS NÃO VIVOS ESTÃO EM CONSTANTE INTERAÇÃO COM OS SERES VIVOS.

VAMOS APRENDER MAIS SOBRE ISSO?

LEIA A HISTÓRIA EM QUADRINHOS ABAIXO.

Christiane Messias/Arquivo da editora

- VOCÊ CONSEGUE IDENTIFICAR ALGUM SER VIVO NESSA HISTÓRIA EM QUADRINHOS? E ELEMENTOS NATURAIS QUE NÃO TÊM VIDA? QUAIS?
- O QUE VOCÊ PERCEBEU NA MANEIRA COMO A PLANTA CRESCEU? POR QUE SERÁ QUE ISSO ACONTECEU?

SERES VIVOS

- CONVERSE COM OS COLEGAS E RESPONDA: COMO SABEMOS SE ALGO TEM VIDA?

ISABELA QUERIA MUITO TER UM ANIMAL DE ESTIMAÇÃO, MAS SEMPRE OUVIA SUA MÃE DIZER: "UM DIA EU TRAGO UM BICHINHO PARA VOCÊ". O TEMPO PASSAVA, E ESSE DIA PARECIA NÃO CHEGAR NUNCA.

NA VÉSPERA DO ANIVERSÁRIO DE 5 ANOS DE ISABELA, SUA MÃE TROUXE PARA CASA UMA LINDA CADELINHA!

ISABELA E A CADELINHA FICARAM MUITO PRÓXIMAS, DESDE O MOMENTO DO PRIMEIRO ENCONTRO. VEJA NA IMAGEM ABAIXO.

O TEMPO PASSOU E ISABELA NÃO DEIXOU DE CUIDAR E DE BRINCAR COM ELA UM DIA SEQUER. VEJA NA IMAGEM AO LADO O QUE ACONTECEU COM ELAS DEPOIS DE ALGUM TEMPO.

Ilustrações: Vicente Mendonça/Arquivo da editora

- OBSERVE AS IMAGENS DESTA PÁGINA E DA ANTERIOR E IDENTIFIQUE NELAS OS SERES VIVOS E OS ELEMENTOS NATURAIS NÃO VIVOS DO AMBIENTE. DEPOIS RESPONDA ÀS QUESTÕES.

A) O QUE ACONTECEU COM ISABELA E SUA CADELINHA DEPOIS DE ALGUM TEMPO?

____

____

B) ACONTECEU A MESMA COISA COM OS OUTROS ELEMENTOS DA IMAGEM?

____

____

C) O QUE VOCÊ NOTOU DE DIFERENTE ENTRE OS SERES VIVOS E OS SERES NÃO VIVOS?

____

____

NAS IMAGENS DAS PÁGINAS 14 E 15 VOCÊ OBSERVOU QUE OS SERES VIVOS SE MODIFICAM COM O PASSAR DO TEMPO.

OS SERES VIVOS **NASCEM**, **CRESCEM**, **PODEM SE REPRODUZIR** E **MORREM**. ESSAS MODIFICAÇÕES SÃO AS FASES DO **CICLO DE VIDA**.

VEJA NA IMAGEM AO LADO DUAS FASES DO CICLO DE VIDA DE UMA PLANTA.

FASES DO CICLO DE VIDA DA PLANTA DENTE-DE-LEÃO

Mauro Nakata/Arquivo da editora

Kris Wiktor/Shutterstock

O FILHOTE DE ONÇA-PINTADA NASCEU. AGORA, DEVERÁ CRESCER, PODERÁ SE REPRODUZIR E DEPOIS MORRERÁ. ESSAS FASES COMPÕEM O CICLO DE VIDA DESSE ANIMAL.

ONÇAS-PINTADAS.

OS ELEMENTOS NÃO VIVOS NÃO TÊM CICLO DE VIDA, MAS ELES PASSAM POR MUDANÇAS CONSTANTES CAUSADAS PELOS SERES VIVOS OU POR OUTROS ELEMENTOS DA NATUREZA.

André Seale/Pulsar Imagens

PONTE CONSTRUÍDA PELO SER HUMANO.

Marcos Amend/Pulsar Imagens

FENDA EM ROCHA FORMADA PELA AÇÃO DO VENTO E DAS ONDAS DO MAR.

- **COM OS COLEGAS, CAMINHE POR DIFERENTES ESPAÇOS DA ESCOLA E OBSERVE OS ELEMENTOS QUE FAZEM PARTE DE CADA AMBIENTE. NO CADERNO, RESPONDA ÀS QUESTÕES.**

  A) QUAIS SERES VIVOS VOCÊ OBSERVOU?

  B) ESCOLHA UM DESSES SERES VIVOS E DESENHE-O EM UMA FOLHA À PARTE.

NESTE CAPÍTULO, VOCÊ VIU QUE:

- OS AMBIENTES SÃO COMPOSTOS DE SERES VIVOS E DE ELEMENTOS NÃO VIVOS.
- A INTERAÇÃO ENTRE OS SERES VIVOS E OS ELEMENTOS NATURAIS NÃO VIVOS É CONSTANTE.
- OS ELEMENTOS NÃO VIVOS DO AMBIENTE PODEM SER NATURAIS, COMO O SOL, O AR, A ÁGUA E O SOLO, OU CONSTRUÍDOS PELO SER HUMANO, COMO AS CASAS, AS RUAS E AS PONTES.
- OS SERES VIVOS TÊM CICLO DE VIDA E NECESSITAM DOS ELEMENTOS NATURAIS NÃO VIVOS E DE OUTROS SERES VIVOS PARA SOBREVIVER.

ATIVIDADES DO CAPÍTULO

1. LEIA O TRECHO DA CANÇÃO.

HERDEIROS DO FUTURO

A VIDA É UMA GRANDE
AMIGA DA GENTE
NOS DÁ TUDO DE GRAÇA
PRA VIVER
SOL E CÉU, LUZ E AR
RIOS E FONTES, TERRA E MAR

SOMOS OS HERDEIROS DO FUTURO
E PRA ESSE FUTURO SER FELIZ
VAMOS TER QUE CUIDAR
BEM DESSE PAÍS
VAMOS TER QUE CUIDAR
BEM DESSE PAÍS

SERÁ QUE NO FUTURO
HAVERÁ FLORES?
SERÁ QUE OS PEIXES
VÃO ESTAR NO MAR?
SERÁ QUE OS ARCO-ÍRIS
TERÃO CORES?
E OS PASSARINHOS
VÃO PODER VOAR?
[...]

HERDEIROS DO FUTURO, DE TOQUINHO. DISPONÍVEL EM: <HTTPS://LETRAS.MUS.BR/TOQUINHO/87255/>. ACESSO EM: 22 OUT. 2015.

HOZart/Arquivo da editora

- NO CADERNO, ESCREVA O NOME DE SERES VIVOS E DE ELEMENTOS NÃO VIVOS DA NATUREZA CITADOS NA LETRA DA CANÇÃO.

2. PROCURE NO DIAGRAMA AO LADO NOMES DE SERES VIVOS E DE ELEMENTOS NÃO VIVOS DA NATUREZA CONFORME A ILUSTRAÇÃO.

Á	E	E	T	Y	G	D	O	A
G	T	C	P	E	I	X	E	Q
U	O	O	Z	U	R	R	Y	Ã
A	B	E	L	H	A	W	S	N
E	R	S	U	F	S	P	O	Ç
D	Y	U	Q	W	S	O	L	O
Õ	K	S	A	P	O	Y	A	K
Z	D	I	R	I	L	L	U	X

Christiane Messias/Arquivo da editora

- ESCREVA O NOME DOS SERES VIVOS.

____

- ESCREVA O NOME DOS ELEMENTOS NATURAIS QUE NÃO TÊM VIDA.

____

ENTENDER E PRATICAR CIÊNCIAS

O SOL E AS PLANTAS

VOCÊ JÁ OBSERVOU SE O SOL É NECESSÁRIO PARA AS PLANTAS? VAMOS FAZER UMA EXPERIÊNCIA?

MATERIAL

- 1 CAIXA DE SAPATOS SEM TAMPA
- 2 PEDRAS OU OUTRO OBJETO PESADO PARA GARANTIR QUE A CAIXA NÃO SAIA DO LUGAR
- 1 SACOLA PLÁSTICA

PROCEDIMENTO

1. ESCOLHA UM LOCAL DA ESCOLA QUE NÃO TENHA MUITO MOVIMENTO. É PRECISO QUE O LUGAR TENHA GRAMA E RECEBA A LUZ DO SOL.

2. POSICIONE A CAIXA COM A PARTE ABERTA VIRADA PARA BAIXO, COBRINDO A GRAMA.

3. CUBRA A CAIXA COM A SACOLA PLÁSTICA PARA EVITAR QUE ELA ENCHARQUE EM CASO DE CHUVA.

Ilustrações: Vicente Mendonça/Arquivo da editora

4. COLOQUE AS PEDRAS OU OUTRO OBJETO PESADO SOBRE A CAIXA PARA QUE ELA NÃO SAIA DO LUGAR.

LEVANTANDO HIPÓTESES

O QUE VOCÊ ACHA QUE VAI ACONTECER COM A GRAMA QUE ESTÁ EMBAIXO DA CAIXA? POR QUÊ?

HIPÓTESE: SOLUÇÃO PROVISÓRIA FORMULADA PARA DETERMINADA QUESTÃO.

OBSERVAÇÃO E REGISTRO

DEPOIS DE UMA SEMANA, RETIRE A CAIXA E OBSERVE A GRAMA QUE ESTAVA COBERTA E A QUE ESTÁ AO REDOR DA CAIXA.

5. O QUE VOCÊ NOTOU DE DIFERENTE?

____

____

6. CONVERSE COM SEUS COLEGAS SOBRE O QUE ELES OBSERVARAM.

CONCLUSÃO

7. SUA HIPÓTESE SE CONFIRMOU? O QUE ACONTECEU DE DIFERENTE?

____

____

8. A LUZ DO SOL INFLUENCIA NO CRESCIMENTO DAS PLANTAS?

____

CAPÍTULO

2 DIVERSIDADE DE AMBIENTES

AMBIENTES NATURAIS E AMBIENTES MODIFICADOS

OS AMBIENTES DO PLANETA TERRA SÃO BASTANTE VARIADOS. AS CARACTERÍSTICAS DE CADA UM DEPENDEM DOS ELEMENTOS QUE O FORMAM E DAS ALTERAÇÕES PELAS QUAIS ELES PASSARAM.

UMA MANEIRA DE CONHECER MELHOR OS AMBIENTES É OBSERVAR SUAS CARACTERÍSTICAS. A PARTIR DAÍ PODEMOS SEPARÁ-LOS EM **AMBIENTES NATURAIS** E **AMBIENTES MODIFICADOS**.

OBSERVE A IMAGEM ABAIXO E RESPONDA ÀS QUESTÕES.

- COMO É O LUGAR ONDE VOCÊ VIVE?

____

____

- QUAIS AS SEMELHANÇAS ENTRE O AMBIENTE DA IMAGEM E O DO LUGAR ONDE VOCÊ VIVE? E AS DIFERENÇAS?

____

____

____

Andre Dib/Pulsar Imagens

LEIA A FRASE A SEGUIR.

TODO AMBIENTE QUE TEM PLANTAS E ANIMAIS É UM AMBIENTE NATURAL.

- VOCÊ CONCORDA COM ESSA AFIRMAÇÃO? POR QUÊ? CONVERSE COM OS COLEGAS E VEJA O QUE ELES ACHARAM.

- OBSERVE AS FOTOS ABAIXO E ASSINALE UM **X** NO QUADRINHO DA IMAGEM QUE RETRATA UM AMBIENTE NATURAL.

Ernesto Reghran/Pulsar Imagens

ZONA RURAL, EM CORNÉLIO PROCÓPIO (PR).

Tales Azzi/Pulsar Imagens

CACHOEIRA DO IPIRANGUINHA DO PARQUE ESTADUAL SERRA DO MAR, EM CUNHA (SP).

Delfim Martins/Pulsar Imagens

BAIRRO MANGABEIRAS, BELO HORIZONTE (MG).

- O QUE VOCÊ OBSERVOU PARA DECIDIR QUAL É O AMBIENTE NATURAL?

AMBIENTE NATURAL É AQUELE EM QUE OS ELEMENTOS NÃO VIVOS E OS SERES VIVOS NÃO SOFRERAM TRANSFORMAÇÕES HUMANAS.

ESSE AMBIENTE POSSUI APENAS ELEMENTOS NATURAIS, COMO VEGETAÇÃO, ANIMAIS, RIOS, MARES, ROCHAS, MONTANHAS, ETC.

NO **AMBIENTE MODIFICADO**, O SER HUMANO FAZ ALTERAÇÕES PARA ATENDER MELHOR ÀS SUAS NECESSIDADES DE ABRIGO, ALIMENTAÇÃO E TRANSPORTE. SÃO EXEMPLOS DESSE TIPO DE AMBIENTE: ALDEIAS, CIDADES, CASAS, ETC.

VEJA ABAIXO UM EXEMPLO DE AMBIENTE NATURAL E DOIS EXEMPLOS DE AMBIENTES MODIFICADOS.

Luciano Candisani/Minden Pictures/Getty Images

PANTANAL MATO-GROSSENSE

Filipe Frazao/Shutterstock

OURO PRETO (MG). O AMBIENTE URBANO É UM EXEMPLO DE AMBIENTE MODIFICADO.

João Prudente/Pulsar Imagens

PLANTAÇÃO DE FEIJÃO. O AMBIENTE RURAL CONTÉM ELEMENTOS CONSTRUÍDOS PELO SER HUMANO.

AS DUAS IMAGENS ABAIXO MOSTRAM UM MESMO AMBIENTE EM ÉPOCAS DIFERENTES.

Augusto Malta/Arquivo G. Ermakoff

VISTA DA PRAIA DE IPANEMA COM O MORRO DOIS IRMÃOS AO FUNDO, RIO DE JANEIRO (RJ), 1924.

Adilson B. Liporage/Opção Brasil Imagens

VISTA DA PRAIA DE IPANEMA COM O MORRO DOIS IRMÃOS AO FUNDO, RIO DE JANEIRO (RJ), 2012.

- **O QUE ACONTECEU NESSE AMBIENTE COM O PASSAR DO TEMPO?**

____

- **AS MUDANÇAS OCORRIDAS NESSE AMBIENTE FORAM BOAS PARA O SER HUMANO? POR QUÊ?**

____

____

____

- **OS OUTROS SERES VIVOS E OS ELEMENTOS NÃO VIVOS DESSE AMBIENTE FORAM FAVORECIDOS? POR QUÊ?**

____

____

____

____

ANTES DE FAZER UMA MUDANÇA NO AMBIENTE, O SER HUMANO PRECISA PENSAR SE AS ALTERAÇÕES VÃO PREJUDICAR OS SERES NATURAIS VIVOS E NÃO VIVOS DO LOCAL.

DIFERENTES AMBIENTES AO REDOR DO PLANETA

OBSERVE A IMAGEM E CONVERSE COM OS COLEGAS SOBRE O QUE VOCÊS VEEM.

- **AGORA RESPONDA NO CADERNO.**

  A) O AMBIENTE RETRATADO NA FOTO É PARECIDO COM O AMBIENTE ONDE VOCÊ VIVE? QUAIS SÃO AS SEMELHANÇAS E AS DIFERENÇAS?

  B) QUE ELEMENTOS NATURAIS NÃO VIVOS APARECEM NA IMAGEM?

  C) NO AMBIENTE DA FOTO É POSSÍVEL VER ÁGUA EM DUAS FORMAS DIFERENTES. QUAIS SÃO ELAS?

  D) VOCÊ CONHECE O SER VIVO QUE APARECE NA FOTO? ELE SE CHAMA URSO-POLAR. QUE TAL FAZER UMA PESQUISA SOBRE ELE? JUNTE-SE A UM COLEGA E PESQUISEM SOBRE A VIDA DELE: ONDE VIVE, DO QUE SE ALIMENTA, ETC.

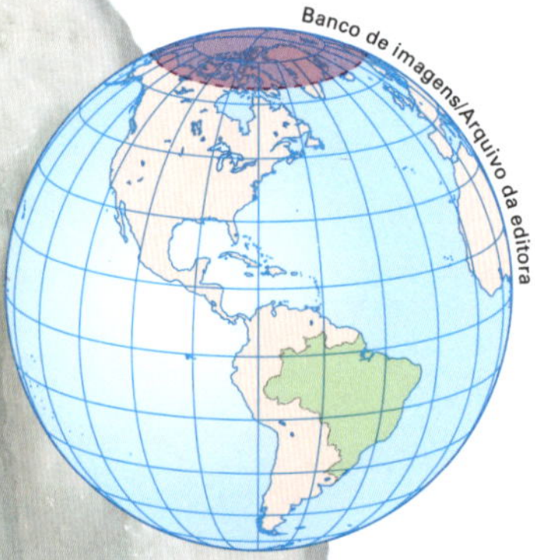

O URSO-POLAR VIVE EM REGIÕES DO CÍRCULO POLAR ÁRTICO.

Shchipkova Elena/Shutterstock

NO PLANETA TERRA HÁ UMA GRANDE VARIEDADE DE AMBIENTES. FATORES COMO A TEMPERATURA, A UMIDADE, A LUMINOSIDADE E O TIPO DE SOLO FAZEM COM QUE UM AMBIENTE SEJA DIFERENTE DE OUTRO. ESSAS DIFERENÇAS INFLUENCIAM NA VARIEDADE DE SERES VIVOS QUE EXISTEM EM CADA AMBIENTE.

- **OBSERVE OS AMBIENTES MOSTRADOS NAS IMAGENS ABAIXO. QUAIS AS CARACTERÍSTICAS DE CADA UM DELES?**

Banco de imagens/Arquivo da editora

Xico Putini/Shutterstock

MATA ATLÂNTICA NO BRASIL.

Aleynikov Pavel/Shutterstock

AMBIENTE SUBAQUÁTICO, NO CARIBE.

Westend61/Brand X/Getty Images

DESERTO DO NAMIBE, NA NAMÍBIA.

NESTE CAPÍTULO, VOCÊ VIU QUE:

- OS AMBIENTES PODEM SER NATURAIS OU MODIFICADOS PELO SER HUMANO.
- EXISTEM VÁRIOS AMBIENTES NO PLANETA TERRA.
- CADA AMBIENTE TEM CARACTERÍSTICAS PRÓPRIAS.

ATIVIDADES DO CAPÍTULO

1. RAFAEL DECIDIU COMPRAR UM AQUÁRIO. ANTES DE MONTÁ-LO, PESQUISOU O ASSUNTO E COMEÇOU A IMAGINAR COMO FICARIA CADA DETALHE DE SEU AQUÁRIO.

   A) COMO RAFAEL, FAÇA UMA PESQUISA SOBRE A MONTAGEM DE UM AQUÁRIO E OS CUIDADOS NECESSÁRIOS PARA MANTÊ-LO. ESCREVA OS RESULTADOS DA SUA PESQUISA NO CADERNO.

Giz de Cera/Arquivo da editora

   B) FAÇA UM DESENHO ABAIXO DE COMO É OU SERIA O SEU AQUÁRIO CASO VOCÊ TIVESSE UM.

   C) QUAIS SÃO OS SERES VIVOS E OS ELEMENTOS NÃO VIVOS DESSE AMBIENTE?

   D) ESSE É UM AMBIENTE NATURAL OU CONSTRUÍDO PELO SER HUMANO? EXPLIQUE SUA RESPOSTA.

2. VOCÊ JÁ ESTEVE EM UM AMBIENTE NATURAL OU CONHECE ALGUM? POR QUE VOCÊ CONSIDERA ESSE AMBIENTE NATURAL?

3. LEIA A FRASE A SEGUIR.

> A RETIRADA DA VEGETAÇÃO NATURAL DE UM AMBIENTE PREJUDICA OS OUTROS SERES VIVOS DESSE LUGAR.

- VOCÊ CONCORDA COM ESSA FRASE? EXPLIQUE SUA RESPOSTA.

4. OBSERVE A FOTO AO LADO.

A) A FOTO MOSTRA UM AMBIENTE NATURAL OU MODIFICADO? O QUE VOCÊ OBSERVOU QUE COMPROVA A SUA RESPOSTA?

João Prudente/Pulsar Imagens

ZONA RURAL EM CAMANDUCAIA (MG).

B) CITE DUAS MODIFICAÇÕES FEITAS PELO SER HUMANO NO AMBIENTE QUE PODEM SER OBSERVADAS NESSA FOTO.

ENTENDER E PRATICAR CIÊNCIAS

AMBIENTE NATURAL E AMBIENTE MODIFICADO

MATERIAL

- BASE PARA A CONSTRUÇÃO DA MAQUETE (PODE SER UMA PLACA DE MADEIRA FINA)
- PEDRAS
- AREIA
- ARGILA
- SOBRAS DE PAPEL COLORIDO
- SUCATA: CAIXAS PEQUENAS, PALITOS DE SORVETE, TAMPINHAS DE GARRAFA
- GRAVETOS
- COLA, TESOURA E LÁPIS DE COR

1ª ETAPA

- FORME UM GRUPO COM OS COLEGAS E ESCOLHAM QUAL AMBIENTE NATURAL SERÁ REPRESENTADO NA MAQUETE QUE VOCÊS CONSTRUIRÃO.

PROCEDIMENTO

- CONSTRUAM A MAQUETE REPRODUZINDO O AMBIENTE ESCOLHIDO.

Ilustrações: Vicente Mendonça/Arquivo da editora

2ª ETAPA

- AGORA SEU GRUPO TROCARÁ DE MAQUETE COM OUTRO GRUPO. VOCÊS TRANSFORMARÃO O AMBIENTE NATURAL QUE O OUTRO GRUPO CONSTRUIU EM UM AMBIENTE MODIFICADO.
- ANTES DE COMEÇAREM A FAZER AS MODIFICAÇÕES, OBSERVEM BEM A MAQUETE INICIAL. SE POSSÍVEL, FOTOGRAFEM PARA DEPOIS COMPARAREM A MAQUETE ORIGINAL COM A MAQUETE FINAL.

OBSERVAÇÃO E REGISTRO

- AGORA QUE VOCÊS JÁ CONCLUÍRAM AS DUAS ETAPAS DESTE TRABALHO, RESPONDA.

A) EM QUAL DAS FASES DE CONSTRUÇÃO DAS MAQUETES VOCÊS REPRESENTARAM MAIS ELEMENTOS DA NATUREZA?

B) AS MUDANÇAS QUE VOCÊS FIZERAM NO AMBIENTE BENEFICIARAM O SER HUMANO E OS OUTROS SERES VIVOS? DE QUE FORMA?

C) SEU GRUPO INCLUIU PESSOAS EM ALGUM DOS AMBIENTES REPRESENTADOS? POR QUÊ?

CAPÍTULO

3 OLHANDO DE PERTO

AMBIENTES AQUÁTICOS

LEIA UM TRECHO DO LIVRO **A ESCOLINHA DO MAR**.

A ESCOLA DA DONA OSTRA FICA LÁ NO FUNDO DO MAR.

NESSA ESCOLA, AS AULAS SÃO MUITO DIFERENTES.

O DR. CAMARÃO, POR EXEMPLO, DÁ AULAS AOS PEIXINHOS MENORES:

— UM PEIXE INTELIGENTE PRESTA ATENÇÃO ÀQUILO QUE COME. NÃO COME MINHOCA COM ANZOL DENTRO. NUNCA!

[...]

E O MAESTRO VILLA-PEIXES ENSINA AOS ALUNOS LINDAS CANÇÕES:

"COMO PODE O PEIXE VIVO
VIVER FORA D'ÁGUA FRIA..."

OS ALUNOS DESSA ESCOLA NÃO SÃO APENAS PEIXES.

HÁ, POR EXEMPLO, ESTELA, A PEQUENA ESTRELA-DO-MAR, TÃO GRACIOSA, QUE É A PRIMEIRA ALUNA DA AULA DE BALÉ.

HÁ LULITA, A PEQUENA LULA, QUE É A PRIMEIRA EM CALIGRAFIA PORQUE JÁ TEM, DENTRO DELA, PENA E TINTA.

E HÁ O SIRI-PATOLA, QUE SÓ SABE ANDAR DE LADO E POR ISSO NUNCA ACOMPANHA A AULA DE GINÁSTICA.

A ESCOLINHA DO MAR, DE RUTH ROCHA. SÃO PAULO: SALAMANDRA, 2009.

Giz de Cera/Arquivo da editora

- **CIRCULE, NO TEXTO ACIMA, O NOME DOS ANIMAIS QUE VOCÊ ACHA QUE VIVEM NO MAR.**
- **A CANÇÃO CITADA NO TEXTO DIZ: "COMO PODE O PEIXE VIVO / VIVER FORA D´ÁGUA FRIA". VOCÊ ACHA QUE É POSSÍVEL PARA UM PEIXE VIVER FORA DA ÁGUA? POR QUÊ? DISCUTA COM OS COLEGAS E O PROFESSOR.**

COMO JÁ VIMOS, EXISTEM DIVERSOS AMBIENTES NO PLANETA TERRA. HÁ DIFERENÇAS NA QUANTIDADE E NA VARIEDADE DOS ELEMENTOS QUE OS COMPÕEM.

DE ACORDO COM AS CARACTERÍSTICAS, OS AMBIENTES PODEM SER CLASSIFICADOS EM **TERRESTRES** E **AQUÁTICOS.**

OS **AMBIENTES AQUÁTICOS** SÃO COBERTOS POR ÁGUA; ELES PODEM TER ÁGUA SALGADA OU ÁGUA DOCE.

OS OCEANOS E OS MARES SÃO FORMADOS POR ÁGUA SALGADA E OCUPAM A MAIOR PARTE DA SUPERFÍCIE DA TERRA.

OS RIOS, OS LAGOS E AS REPRESAS SÃO EXEMPLOS DE AMBIENTES DE ÁGUA DOCE.

EM CADA TIPO DE AMBIENTE HÁ SERES VIVOS ADAPTADOS À VIDA NAQUELE LOCAL.

ADAPTADOS: QUE POSSUEM CARACTERÍSTICAS ESPECIAIS PARA VIVER EM DETERMINADO AMBIENTE.

Elisei Shafer/Shutterstock

RIO

Catalin Petolea/Shutterstock

LAGO

Elisei Shafer/Shutterstock

MAR

AMBIENTES TERRESTRES

OS **AMBIENTES TERRESTRES** SÃO MUITO VARIADOS. ELES SÃO AGRUPADOS DE ACORDO COM O TIPO DE SOLO E A QUANTIDADE DE CHUVA, DE PLANTAS E DE ANIMAIS, ENTRE OUTROS FATORES.

AS FLORESTAS E OS DESERTOS SÃO EXEMPLOS DE AMBIENTES TERRESTRES.

A MAIOR PARTE DOS LUGARES CONSTRUÍDOS PELO SER HUMANO, COMO CIDADES, PLANTAÇÕES, PARQUES E JARDINS, TAMBÉM SÃO EXEMPLOS DE AMBIENTES TERRESTRES.

- **O AMBIENTE EM QUE VOCÊ MORA SE PARECE COM ALGUM DOS AMBIENTES DAS FOTOS? POR QUÊ?**

____

____

Palê Zuppani/Pulsar Imagens

AS FLORESTAS TROPICAIS SÃO AMBIENTES QUENTES E ÚMIDOS. ESSAS CARACTERÍSTICAS FAVORECEM A DIVERSIDADE DE PLANTAS E ANIMAIS.

Ev Thomas/Shutterstock

OS DESERTOS SÃO AMBIENTES SECOS, ONDE QUASE NÃO CHOVE. NELES, AS PLANTAS E OS ANIMAIS SOFREM ADAPTAÇÕES PARA VIVER COM POUCA ÁGUA.

PENSE EM QUANTOS TIPOS DE SERES VIVOS VOCÊ CONHECE. VOCÊ DEVE TER NOTADO QUE ELES SÃO DIFERENTES UNS DOS OUTROS E TAMBÉM QUE VIVEM EM AMBIENTES DIVERSOS.

MUITAS CARACTERÍSTICAS DOS SERES VIVOS ESTÃO ASSOCIADAS A SEU *HABITAT*. ISSO ACONTECE PORQUE, PARA SOBREVIVER, OS SERES VIVOS PRECISAM DE ALIMENTO, DE ÁGUA E DE PROTEÇÃO.

HABITAT: ESPAÇO ONDE OS SERES VIVOS VIVEM E SE DESENVOLVEM.

- **MARQUE NOS QUADRINHOS A LETRA A PARA OS SERES VIVOS QUE HABITAM AMBIENTES AQUÁTICOS E A LETRA T PARA OS QUE HABITAM AMBIENTES TERRESTRES. ESCREVA ABAIXO DA FOTO O NOME DO SER VIVO.**

Shutterstock/Glow Images

☐ ______________________

Mircea Bezergheanu/Shutterstock

☐ ______________________

Liquid Productions, LLC/Shutterstock

☐ ______________________

Thomaz Vita Neto/Pulsar Imagens

☐ ______________________

LEITURA DE IMAGEM

O SER HUMANO E O AMBIENTE

O AMBIENTE É COMPOSTO DE SERES VIVOS E DE ELEMENTOS NÃO VIVOS. ENTRE OS SERES VIVOS, ESTAMOS NÓS, OS SERES HUMANOS.

OBSERVE

Yves Lefêvre/biosphoto/Agência France-Presse

1. O QUE A FOTOGRAFIA MOSTRA?

2. DE TUDO O QUE A FOTOGRAFIA MOSTRA, O QUE VOCÊ VÊ PRIMEIRO? POR QUÊ?

3. A IMAGEM MOSTRA UMA RELAÇÃO DE HARMONIA ENTRE O SER HUMANO E O AMBIENTE OU UMA RELAÇÃO DE DESTRUIÇÃO? POR QUÊ?

ANALISE

4. COMPARE O TAMANHO DO SER HUMANO COM O TAMANHO DA BALEIA E DO OCEANO. O QUE VOCÊ IMAGINA QUE O FOTÓGRAFO QUIS MOSTRAR COM ISSO?

RELACIONE

NÓS NOS RELACIONAMOS COM OUTROS SERES VIVOS E COM SERES NÃO VIVOS. MAS, PARA QUE O AMBIENTE NÃO SEJA PREJUDICADO, PRECISAMOS SABER HABITÁ-LO.

5. NO CADERNO, RESPONDA: VOCÊ SE CONSIDERA UMA PESSOA QUE SABE HABITAR O AMBIENTE SEM MALTRATÁ-LO? POR QUÊ?

CONSERVAÇÃO DO AMBIENTE

LEIA A FRASE A SEGUIR.

> UM AMBIENTE LIMPO NÃO É AQUELE QUE LIMPAMOS O TEMPO TODO. UM AMBIENTE LIMPO É AQUELE QUE SUJAMOS POUCO.

- **CONVERSE COM OS COLEGAS SOBRE O QUE VOCÊ ENTENDEU DESSA FRASE.**

OS COMPONENTES NATURAIS VIVOS E NÃO VIVOS DE UM AMBIENTE SE RELACIONAM ENTRE SI. POR ISSO, É IMPORTANTE PRESERVAR OS AMBIENTES E SEUS COMPONENTES NATURAIS.

OS AMBIENTES MODIFICADOS OU CONSTRUÍDOS TAMBÉM PRECISAM SER CONSERVADOS PARA UMA CONVIVÊNCIA SAUDÁVEL ENTRE OS SERES QUE OS HABITAM OU FREQUENTAM.

- **OBSERVE A IMAGEM ABAIXO.**

A) O QUE VOCÊ ACHA DA ATITUDE DA MENINA DA CENA? POR QUÊ?

____

____

B) SE VOCÊ TEM ALGO PARA JOGAR NO LIXO E A LIXEIRA ESTÁ DISTANTE, O QUE VOCÊ FAZ?

____

____

____

- NAS IMAGENS DESTA PÁGINA E DA ANTERIOR APARECEM DUAS CRIANÇAS COM ATITUDES QUE NÃO DEMONSTRAM CUIDADO COM O AMBIENTE.

  A) QUAIS SÃO ESSAS ATITUDES?

  ____

  B) VOCÊ CONSIDERA ESSAS ATITUDES NEGATIVAS? POR QUÊ?

  ____

  C) SE VOCÊ VISSE UM AMIGO TENDO UMA DESSAS ATITUDES, O QUE VOCÊ FARIA?

  ____

  ____

  D) E DENTRO DA SALA DE AULA, QUAIS ATITUDES DEMONSTRAM CUIDADO COM O AMBIENTE? VOCÊ TEM ESSAS ATITUDES?

  ____

  ____

HQZart/Arquivo da editora

NESTE CAPÍTULO, VOCÊ VIU QUE:

- EXISTEM AMBIENTES AQUÁTICOS E TERRESTRES.
- OS SERES VIVOS POSSUEM ADAPTAÇÕES AOS AMBIENTES EM QUE VIVEM.
- É IMPORTANTE PRESERVAR OS AMBIENTES NATURAIS PARA A MANUTENÇÃO DA VARIEDADE DE SERES VIVOS.
- OS AMBIENTES MODIFICADOS OU CONSTRUÍDOS TAMBÉM DEVEM SER CONSERVADOS.

ATIVIDADES DO CAPÍTULO

1. OBSERVE A PRAÇA PERTO DA CASA DE BIA.

Rubem Filho/Arquivo da editora

A) A QUEM PERTENCE ESSE ESPAÇO?

- [ ] A TODAS AS PESSOAS.
- [ ] ÀS PESSOAS QUE MORAM AO REDOR DA PRAÇA.
- [ ] A BIA E SUA FAMÍLIA.

B) CIRCULE NA IMAGEM O QUE IMPEDE AS CRIANÇAS DE BRINCAR NESSA PRAÇA.

C) EM SUA OPINIÃO, O QUE PRECISA SER FEITO PARA QUE ESSE ESPAÇO POSSA SER FREQUENTADO E UTILIZADO PELAS PESSOAS?

____

____

____

2. AJUDE A ESCREVER PLACAS COM NORMAS PARA A PRAÇA PERTO DA CASA DE BIA.

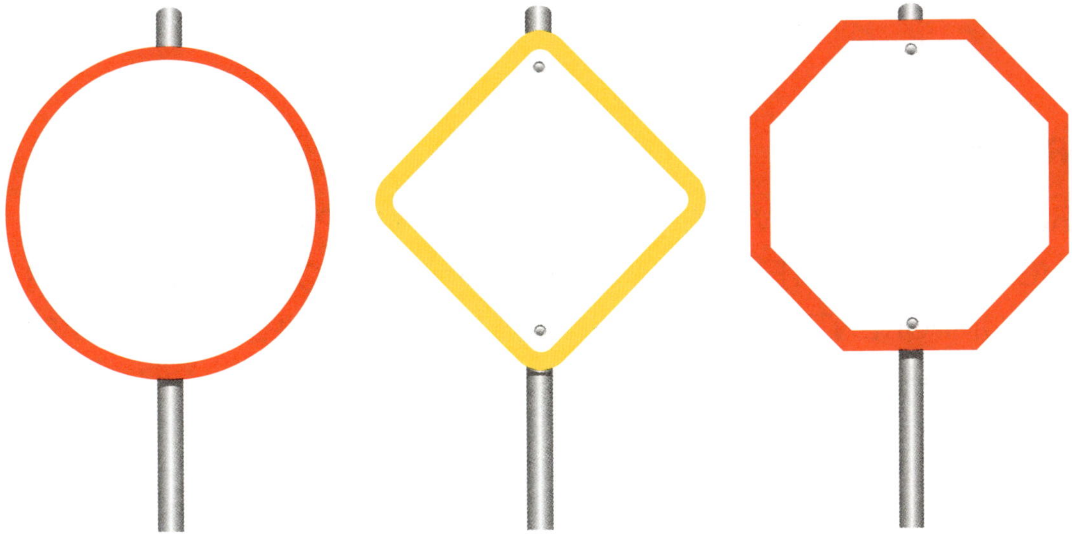

Banco de imagens/ Arquivo da editora

3. PROCURE NO DIAGRAMA E PINTE:

DE verde: TRÊS EXEMPLOS DE AMBIENTES AQUÁTICOS;

DE laranja: TRÊS EXEMPLOS DE AMBIENTES TERRESTRES.

A	B	F	E	M	U	E	R	X	N
T	I	L	C	A	J	I	G	H	Q
E	L	O	D	I	R	A	J	A	U
A	D	R	I	C	I	D	A	D	E
O	C	E	A	N	O	U	R	I	V
I	V	S	R	U	M	A	D	L	P
Q	U	T	E	Z	O	B	I	N	U
E	L	A	G	O	T	K	M	O	N

ENTENDER E PRATICAR CIÊNCIAS

OBSERVAÇÃO DOS ARREDORES DA ESCOLA

PROGRAMAÇÃO

- O PROFESSOR VAI LEVAR VOCÊ E SUA TURMA PARA CONHECER MELHOR O AMBIENTE EM QUE ESTÁ A SUA ESCOLA E OBSERVAR SEUS COMPONENTES. NÃO SE ESQUEÇA DE LEVAR LÁPIS E CADERNO PARA ANOTAR O QUE VOCÊ OBSERVAR.

ROTEIRO

- COM OS COLEGAS, ELABORE UM ROTEIRO DO QUE OBSERVAR NO AMBIENTE. VEJA ABAIXO UMA SUGESTÃO.

1. O AMBIENTE É NATURAL OU FOI MODIFICADO PELO SER HUMANO?
2. QUE ELEMENTOS NATURAIS NÃO VIVOS VOCÊ CONSEGUE IDENTIFICAR NO AMBIENTE? DE QUE FORMA VOCÊ PERCEBE A PRESENÇA DELES?
3. VOCÊ VÊ ALGUM COMPONENTE DO AMBIENTE CONSTRUÍDO PELO SER HUMANO? QUAL(IS)?
4. VOCÊ CONSEGUE VER OU ESCUTAR ALGUM ANIMAL? QUAL(IS)?
5. VOCÊ NOTOU A PRESENÇA DE PLANTAS? ELAS SÃO GRANDES OU PEQUENAS?

Vicente Mendonça/Arquivo da editora

REGISTRO E COMUNICAÇÃO DOS DADOS

- EM GRUPOS, FAÇAM UM REGISTRO DE TUDO AQUILO QUE VOCÊS OBSERVARAM NO AMBIENTE AO REDOR DA ESCOLA. ESCOLHAM UMA MANEIRA DE REPRESENTAR O QUE DESCOBRIRAM: PODE SER UM DESENHO, UM TEXTO, UMA HISTÓRIA EM QUADRINHOS, UMA MÚSICA, ENTRE OUTRAS.
- DEPOIS APRESENTEM A PRODUÇÃO AOS DEMAIS COLEGAS E AO PROFESSOR.

LER E ENTENDER

VOCÊ GOSTA DE GIBIS? JÁ LEU ALGUM? QUAL É O SEU PERSONAGEM PREFERIDO?

AS HISTÓRIAS PUBLICADAS NOS GIBIS RECEBEM O NOME DE HISTÓRIAS EM QUADRINHOS (HQs).

NA HISTÓRIA EM QUADRINHOS A SEGUIR VOCÊ VAI CONHECER UMA PERSONAGEM DA TURMA DA MÔNICA CHAMADA MARINA. COMO VOCÊ IMAGINA QUE ELA SEJA? LEIA A HISTÓRIA E CONFIRA!

DISPONÍVEL EM: <HTTPS://CAGEOS.WORDPRESS.COM/2012/09/05/UTILIZACAO-DAS-HISTORIAS-EM-QUADRINHO-NA-SALA-DE-AULA/>. ACESSO EM: 29 OUT. 2015.

ANALISE

1. ESSA HISTÓRIA EM QUADRINHOS NÃO FAZ PARTE DE UM GIBI. SOBRE ISSO, RESPONDA:

A) ONDE ELA FOI PUBLICADA?

____

B) ONDE VOCÊ ENCONTROU ESSA INFORMAÇÃO?

____

2. OBSERVE OS TRÊS PRIMEIROS QUADRINHOS E RESPONDA:

A) COMO SÃO OS LUGARES POR ONDE A MARINA PASSA?

____

____

B) COMO ELA SE SENTIU AO VER ESSES LUGARES? FAÇA UM **X** NA RESPOSTA.

☐ CONTENTE ☐ TRANQUILA ☐ ESPANTADA

3. NO ÚLTIMO QUADRINHO, MARINA ESTÁ EM UM SETOR DE ACHADOS E PERDIDOS. O QUE ELA ESTÁ PROCURANDO?

____

____

RELACIONE

4. DO PRIMEIRO AO TERCEIRO QUADRINHOS APARECEM AMBIENTES NATURAIS QUE FORAM MODIFICADOS PELO SER HUMANO. QUAIS MODIFICAÇÕES VOCÊ OBSERVOU?

O QUE APRENDI?

1. OBSERVE NOVAMENTE A IMAGEM DA ABERTURA DA UNIDADE E COMPARE-A COM OUTRA FIGURA.

Ilustrações: Christiane Messias/Arquivo da editora

- IDENTIFIQUE QUAL IMAGEM REPRESENTA UM AMBIENTE:

  A) COM CONSTRUÇÕES FEITAS PELO SER HUMANO: ☐

  B) NATURAL: ☐

2. PREENCHA O QUADRO COMPLETANDO CADA LINHA COM ALGO QUE VOCÊ OBSERVOU NAS IMAGENS DA PÁGINA AO LADO.

	ITEM OBSERVADO
SER VIVO	
ELEMENTO NATURAL	
ELEMENTO NÃO VIVO	
AMBIENTE NATURAL	
CONSTRUÇÃO FEITA PELO SER HUMANO	

3. ESTE É O MOMENTO DE PENSAR NO QUE VOCÊ APRENDEU NESTA UNIDADE. INDIQUE COM UM **X** NA TABELA.

CONTEÚDOS ESTUDADOS	COMPREENDI ESTE CONTEÚDO	FIQUEI COM ALGUMAS DÚVIDAS E PRECISO RETOMAR	NÃO COMPREENDI E PRECISO RETOMAR
CAPÍTULO 1 SERES VIVOS E ELEMENTOS NÃO VIVOS			
CAPÍTULO 2 AMBIENTES NATURAIS E AMBIENTES MODIFICADOS			
CAPÍTULO 3 AMBIENTES AQUÁTICOS E AMBIENTES TERRESTRES			

CONVERSE COM OS COLEGAS E O PROFESSOR PARA ENTENDER MELHOR O SEU APROVEITAMENTO E ASSIM INICIAR O ESTUDO DA PRÓXIMA UNIDADE.

UNIDADE 2

AS PLANTAS

- O que você vê na imagem?
- Você conhece algumas das plantas que aparecem na imagem? Quais?

Bukhanovsky/Shutterstock

CAPÍTULO 4

CARACTERÍSTICAS DAS PLANTAS

SEMELHANÇAS E DIFERENÇAS ENTRE AS PLANTAS

As plantas — também chamadas de vegetais — são seres vivos muito importantes nos ambientes. Elas podem servir de alimento e abrigo a muitos animais e proteger o solo da chuva e do vento.

- **No caderno, desenhe uma planta que você conheça e pinte da mesma cor que a planta real.**
- **Compare a planta que você desenhou com a de um colega e preencha a tabela abaixo com o que perceberam de semelhante e de diferente entre elas.**

Semelhanças	Diferenças

As plantas possuem algumas características comuns:

- são seres vivos, ou seja, têm ciclo de vida;
- produzem seu próprio alimento e para isso dependem de elementos naturais que não têm vida, como água, ar, sais minerais e luz;
- não se locomovem.

Existe uma grande variedade de plantas em nosso planeta, tanto terrestres quanto aquáticas. Algumas plantas são pequenas, outras são muito grandes. Umas vivem pouco tempo, e outras vivem por muitos anos.

Simone Ziasch/Arquivo da editora

AS PLANTAS E OS AMBIENTES

Você já deve ter visto diferentes tipos de plantas, como árvores, arbustos e plantas rasteiras de jardim, que em geral vivem em ambientes terrestres.

As características das plantas estão relacionadas aos ambientes em que elas vivem.

Veja na foto abaixo uma planta típica de um ambiente terrestre e seco.

Daniel Cymbalista/Pulsar Imagens

A barriguda, ou paineira-branca, é uma árvore que armazena água no interior de seu caule. Foto de Paramirim (BA), 2013.

- Essa planta possui uma característica que favorece sua sobrevivência em ambiente seco. Converse com seus colegas e responda: que característica é essa?

Há regiões no planeta que são muito frias e recebem pouca chuva e pouca luz. Nesses lugares, o solo fica coberto por gelo a maior parte do ano, o que dificulta o desenvolvimento de solo espesso e o crescimento de árvores.

Nesses ambientes muito frios uma vegetação rasteira pode crescer sobre a superfície de rochas. Observe abaixo alguns vegetais que vivem nesse tipo de ambiente.

ajiiikala/Flickr RF/Getty Images

A tundra é uma vegetação rasteira que se estabelece em regiões de temperaturas muito baixas da Terra, como no norte da Europa.

Em florestas quentes e úmidas existe uma grande variedade de plantas com formas e cores diversas.

Panoramic Images/Getty Images

Floresta Amazônica, Amazônia (BR).

Claude Monet foi um pintor francês. Em 1883, quando foi morar na cidade de Giverny, na França, começou a fazer um jardim em sua casa, o qual serviu de inspiração para muitas de suas obras.

- **Observe a pintura feita por Monet e compare com a foto. Ambas retratam o jardim da casa do pintor.**

Reprodução/Museu Metropolitano de Arte, Nova York, EUA.

A ponte japonesa, de Claude Monet, óleo sobre tela, em 1900.

Robert Harding Picture Library/Alamy/Glow Images

Foto da ponte japonesa em 2012.

a) As plantas que aparecem no jardim são todas iguais? Que diferenças você percebeu?

____

____

b) Aparecem plantas aquáticas? O que você observou nas imagens que comprova a sua resposta?

____

____

As plantas aquáticas podem ser flutuantes, como as que aparecem no jardim de Monet, ou fixas e cobertas por água.

Conheça abaixo algumas plantas aquáticas.

As imagens não estão em tamanho proporcional entre si.

Christiane Messias/Arquivo da editora

NESTE CAPÍTULO, VOCÊ VIU QUE:

- Existe uma grande variedade de plantas.
- As plantas estão adaptadas aos ambientes em que vivem.
- As plantas podem viver em ambientes aquáticos ou terrestres.

ATIVIDADES DO CAPÍTULO

1. A mãe de Fabiana fez aniversário e ganhou um vaso de flores.

Simone Ziasch/Arquivo da editora

a) A planta que a mãe de Fabiana ganhou é terrestre ou aquática?

____

____

b) Assim que viu as flores murchas, Fabiana disse:

"Por que isso aconteceu com a planta?". Você saberia responder?

____

____

2. No quadro abaixo, cada formato de folha corresponde a uma letra do alfabeto. Veja:

Ilustrações: Simone Ziasch/Arquivo da editora

Agora indique a letra que cada folha representa e descubra do que as plantas necessitam para sobreviver.

e

- Escreva aqui o que você descobriu.

____

____

3. Leia o que Ricardo disse sobre plantas aquáticas ao observar um lago:

Você concorda com ele? Por quê?

____

____

ENTENDER E PRATICAR CIÊNCIAS

COLEÇÃO DE FOLHAS

Você sabe o que é um herbário?

Herbário é uma coleção de plantas prensadas e secas com informações sobre a espécie, o local de coleta, etc.

Mãos à obra! Chegou sua vez de construir um herbário.

MATERIAL

- folhas de cinco plantas diferentes
- cola branca líquida
- cartolina
- jornal
- livros ou outros objetos pesados

Preparação

1. Colete folhas de cinco plantas diferentes.
2. Procure identificar o nome da planta de onde veio cada folha que você coletou.
3. Registre na cartolina:
   - nome da planta a que a folha pertence;
   - características da planta: se está ou não com flores, se vive em locais mais úmidos ou mais secos, se vive na sombra ou sob o sol;
   - local e data em que foi feita a coleta.

Ilustrações: Vicente Mendonça/Arquivo da editora

Montagem

4. Coloque as folhas das plantas que você coletou entre páginas de jornal.

5. Ponha livros ou outros objetos pesados em cima das páginas de jornal.

6. Escolha um local para deixar as folhas coletadas secando por duas semanas. Deve ser um lugar seco e arejado.

Atenção
Você não pode ingerir nenhuma parte da planta, nem mesmo os frutos.

7. Quando estiverem secas, retire as folhas de dentro do jornal e cole-as em uma cartolina. Escreva perto de cada uma delas as informações que você já registrou.

Exposição

8. Organize, com os colegas e o professor, uma exposição das cartolinas montadas pela classe, para que todos vejam as folhas coletadas.

9. Das folhas expostas, escolha aquela de que você mais gostou e desenhe-a numa folha de papel à parte. Por que você gostou mais dessa folha? O que mais chamou a sua atenção nela?

CAPÍTULO 5

CONHECENDO MAIS AS PLANTAS

PARTES DAS PLANTAS

Mauro Nakata/Acervo da editora

A raiz, o caule e as folhas são partes da maioria das plantas. Algumas delas também têm flores, frutos e sementes.

Observe o tomateiro ao lado e conheça um pouco mais cada uma de suas partes.

RAIZ

A raiz é a parte da planta que geralmente fica debaixo do solo, nas plantas terrestres, e submersa na água, nas plantas aquáticas. Ela fixa a planta e realiza a absorção de água e sais minerais.

Existem diferentes tipos de raízes. Veja a seguir:

As imagens não estão em tamanho proporcional entre si.

Yuji Sakai/Digital Vision/Getty Images

A raiz da cebolinha fixa a planta e absorve água e sais minerais do solo.

Fabio Colombini/Acervo do fotógrafo

As raízes do aguapé absorvem os nutrientes diluídos na água.

Bianca Pontes/EyeEm/Getty Images

As raízes das orquídeas fixam a planta e absorvem a água presente no ar.

CAULE

Manuela resolveu fazer uma experiência. Acompanhe e faça você também!

Ela separou um copo com água e misturou um pouco de corante comestível vermelho. Depois, pegou uma flor branca e, com uma tesoura sem pontas, fez um corte no caule da flor e a colocou no copo.

Peça ajuda a um adulto para usar a tesoura.

Simone Ziasch/Arquivo da editora

- **O que você acha que acontecerá com a flor após algumas horas? Explique sua resposta.**

O caule transporta a água e os sais minerais absorvidos pelas raízes e os nutrientes produzidos nas folhas para todas as partes da planta. Na experiência, o caule transportará o corante, deixando a flor avermelhada.

O caule também pode sustentar os galhos, as folhas, as flores e os frutos.

Agora, veja as imagens abaixo e responda: os caules são todos iguais?

WDG Photo/Shutterstock
As árvores possuem caule rígido, chamado tronco.

Fabio Colombini/Acervo do fotógrafo
A melancia tem um caule rastejante, que cresce apoiado no solo.

Bernadette Heath/Shutterstock
O caule do cacto armazena água em seu interior.

As imagens não estão em tamanho proporcional entre si.

respiração: quebra de alimento em partes menores com a liberação de energia.

transpiração: perda de água para o ambiente.

FOLHA

A folha realiza funções fundamentais para a vida do vegetal: respiração, transpiração e produção de alimento. Ela produz o alimento da planta utilizando a água absorvida pela raiz, a luz e o ar do ambiente.

As folhas têm formas e cores muito variadas. Veja alguns exemplos.

As imagens não estão em tamanho proporcional entre si.

Imagens de algumas folhas, com diferentes formas.

Fotos: Archiwiz/Shutterstock e Wiboon Wiratthanaphan/Shutterstock/Glow Images

FLOR

A maioria das plantas tem flores. A flor é a parte da planta que está relacionada à reprodução. A partir da flor são formados os frutos e as sementes.

reprodução: processo pelo qual os seres vivos dão origem a seus descendentes.

Também há uma variedade muito grande de flores. Elas apresentam tamanho, cor, forma e cheiro diferentes.

Fotos: Madlen/Shutterstock

As imagens não estão em tamanho proporcional entre si.

Imagens de algumas flores, com diferentes formas e cores.

FRUTO E SEMENTE

Estas fotos mostram o mesmo tipo de planta em momentos diferentes.

- **O que aconteceu com as flores que estavam na planta? Converse com seus colegas.**

As imagens não estão em tamanho proporcional entre si.

chrupka/Shutterstock/Glow Images

Flor da árvore pereira.

Fotokostic/Shutterstock/Glow Images

Pera, fruto da árvore pereira.

Uma parte da flor da pereira deu origem às sementes, e outra parte deu origem ao fruto.

Geralmente os frutos têm em seu interior uma ou mais sementes.

sai0112/Shutterstock/Glow Images

Anna Kucherova/Shutterstock/Glow Images

Maks Narodenko/Shutterstock/Glow Images

A semente dá origem a uma nova planta por meio de um processo chamado **germinação**.

As imagens não estão em tamanho proporcional entre si.

Bogdan Wankowicz/Shutterstock

Germinação da semente de feijão.

Algumas plantas também podem se reproduzir por meio de uma de suas partes, que podem gerar uma nova planta.

Fabio Colombini/Acervo do fotógrafo

1. Parte da folha da violeta é colocada na água e, após algum tempo, brotam raízes.

Fabio Colombini/Acervo do fotógrafo

2. Nesse momento, a folha com raiz pode ser replantada.

ASB63/Shutterstock/ Glow Images

3. Uma nova planta se desenvolverá.

CICLO DE VIDA DAS PLANTAS

As plantas necessitam de água, ar, luz e sais minerais para viver.

Assim como os outros seres vivos, as plantas também têm um ciclo de vida. Nascem, crescem, se desenvolvem, podem se reproduzir e morrem.

As imagens não estão em tamanho proporcional entre si.

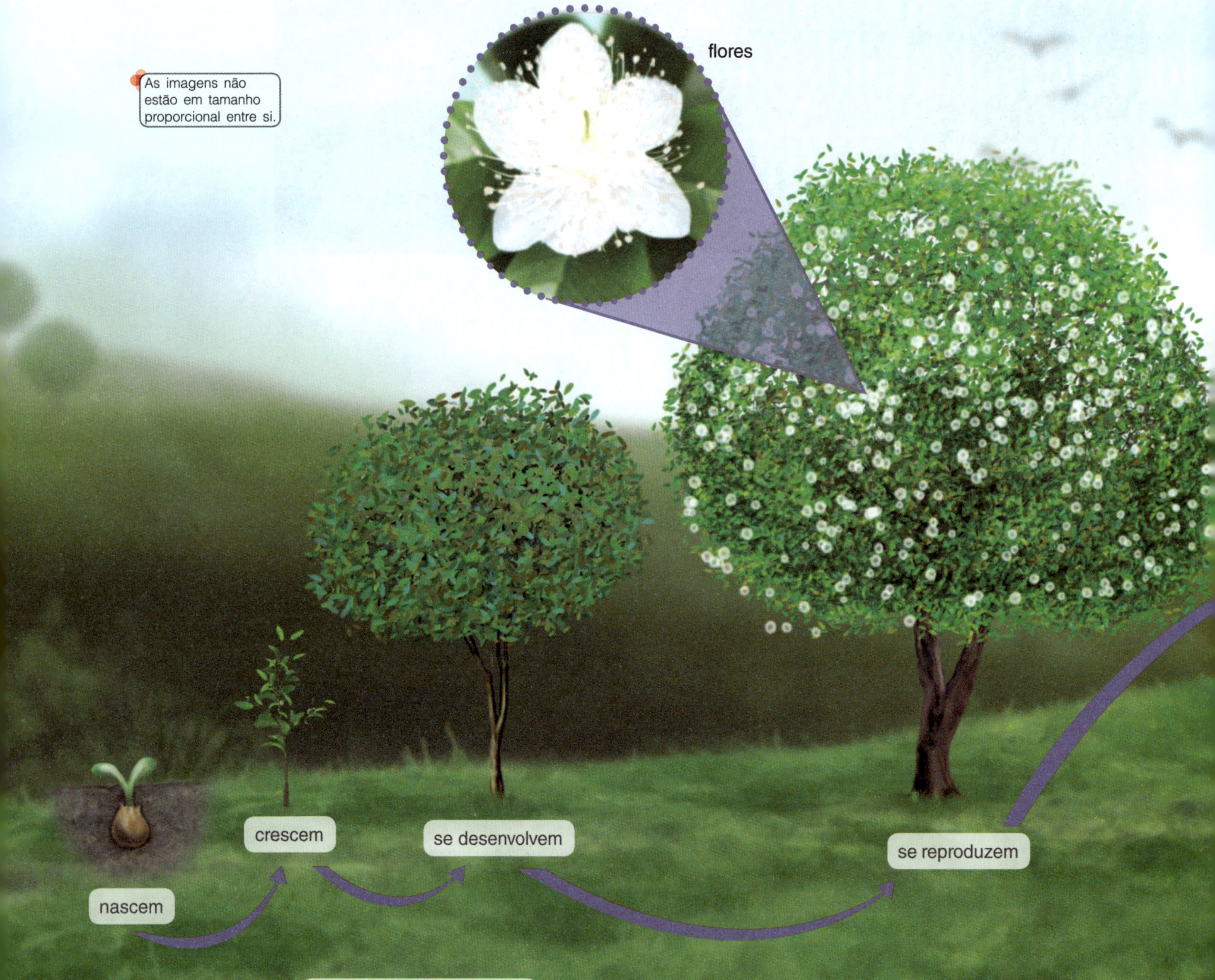

Ciclo de vida da goiabeira.

Mauro Nakata/Arquivo da editora

NESTE CAPÍTULO, VOCÊ VIU QUE:

- As plantas são divididas em partes, que desempenham funções específicas.
- As principais partes das plantas são raiz, caule e folhas; muitas plantas também apresentam flores, frutos e sementes.
- As plantas têm ciclo de vida.

ATIVIDADES DO CAPÍTULO

1. Maria Clara foi a uma festa de aniversário. Veja o que ela ganhou de lembrança.

HQZart/Arquivo da editora

Assim que chegou em casa, Maria Clara mostrou para a mãe o *kit* de jardinagem que ganhou e foi correndo para o quintal plantar as sementes no vaso.

a) Dê duas dicas para que a planta se desenvolva.

____

____

____

b) Mesmo com muitos cuidados, um dia a planta de Maria Clara morrerá. Por quê?

____

____

2. Numere a segunda coluna de acordo com a primeira, relacionando cada parte de uma planta com as informações correspondentes.

A. semente

B. folha

C. fruto

D. flor

☐ Participa da reprodução de algumas plantas.

☐ Pode dar origem a uma nova planta.

☐ Realiza a respiração, a transpiração e a produção de alimento.

☐ Protege a semente.

3. Imagine que o fruto de uma árvore tenha caído no solo. O que acontecerá depois de algum tempo? Observe a sequência de imagens e desenhe no quadro o que você acha que vai acontecer. Depois, veja os desenhos que seus colegas fizeram e conte a eles o que você pensou.

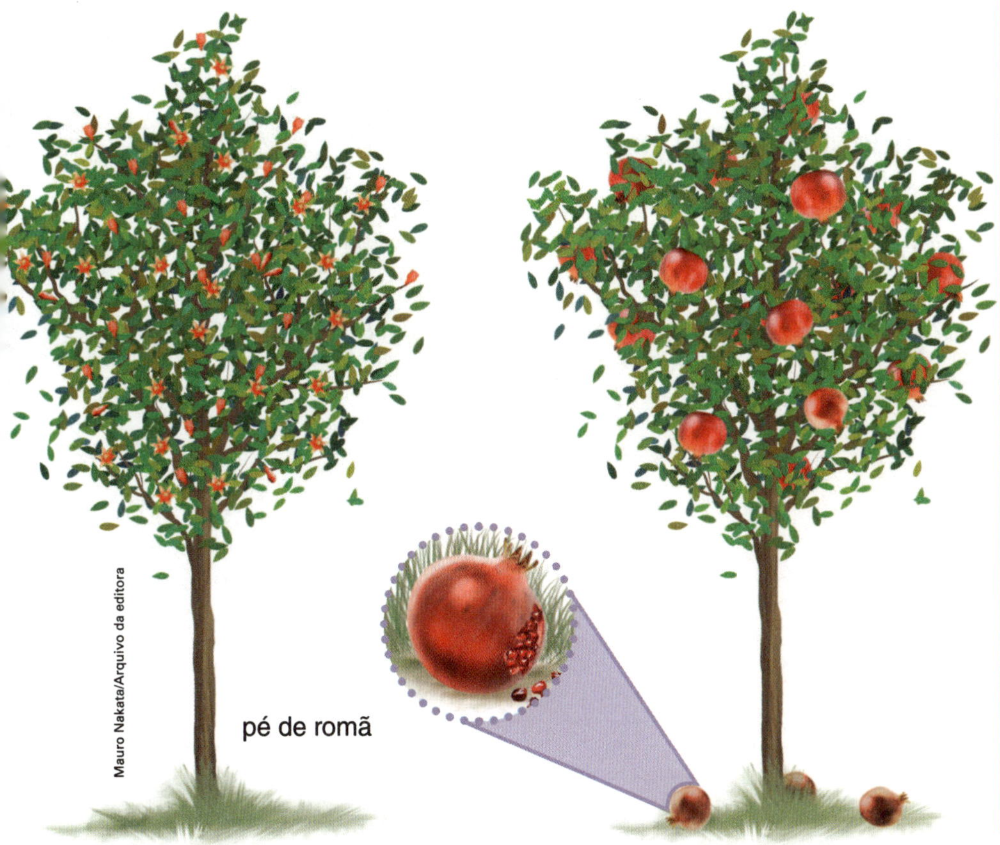

ENTENDER E PRATICAR CIÊNCIAS

AS PLANTAS TRANSPIRAM?

Vamos fazer um experimento para comprovar que as plantas transpiram e ver como isso acontece?

Montagem

1. Envolva os galhos da planta com um saco plástico transparente.
2. Feche o saco plástico com um pedaço de barbante. Não deixe nenhum espaço aberto.
3. Deixe os galhos dentro do saco plástico por algumas horas.
4. Ao lado, deixe o outro saco plástico vazio amarrado com outro pedaço de barbante. Ele será o controle, usado para comparar o que aconteceu entre os dois sacos ao final do experimento.

Ilustrações: Vicente Mendonça/Arquivo da editora

MATERIAL

- 1 vaso com uma planta de pequeno porte que tenha muitos galhos e folhas
- 2 sacos plásticos transparentes
- 2 pedaços de barbante de 30 centímetros, aproximadamente

LEVANTANDO HIPÓTESES

- O que você acha que vai acontecer depois de algumas horas? Por quê?
- Verifique se seus colegas têm uma hipótese diferente da sua.

Observação

Observe a montagem de hora em hora e registre se você notou alguma mudança.

	Depois de 1 hora	Depois de 2 horas	Depois de 3 horas
Não notei nenhuma mudança.			
Notei uma pequena mudança.			
Notei uma grande mudança.			

Conclusão

5. A sua hipótese se confirmou?

6. Converse com seus colegas e registre: por que a parte interna do saco plástico que envolveu a planta ficou com gotas de água? De onde veio essa água?

CAPÍTULO 6

CUIDADOS COM AS PLANTAS

PLANTAS CULTIVADAS

Algumas plantas surgem sem ajuda do ser humano. Outras são plantadas por ele para atender às suas necessidades de alimentação, obtenção de energia, medicamentos, roupas, etc.: são as chamadas **plantas cultivadas**.

Podemos encontrá-las em diversos ambientes construídos, como parques, jardins, hortas, pomares ou grandes plantações.

- **As plantas de um jardim e de uma horta são utilizadas pelo ser humano com a mesma finalidade? Qual é a diferença?**

____

____

- **Que plantas você utiliza em sua alimentação?**

____

As imagens não estão em tamanho proporcional entre si.

1000 Words/Shutterstock

Jardim

Smileus/Shutterstock

Horta

As características de cada ambiente interferem no desenvolvimento das plantas cultivadas: solos ricos em nutrientes são bastante férteis; já os solos pobres em nutrientes necessitam ser modificados para o cultivo.

férteis: que possuem condições adequadas para o desenvolvimento de novos seres vivos.

Conheça algumas das etapas do cultivo das plantas.

otickI/Shutterstock

Preparo do solo

sima/Shutterstock

Plantio

PavleMarjanovic/Shutterstock

Irrigação

Mykola Mazuryk/Shutterstock

Colheita

As imagens não estão em tamanho proporcional entre si.

Partes de algumas plantas ou plantas inteiras são usadas na alimentação humana e de outros animais. Veja alguns exemplos.

Raízes

Anna Kucherova/Shutterstock/Glow Images
beterraba

Nattika/Shutterstock/Glow Images
cenoura

Caules

Nattika/Shutterstock/Glow Images
batata-inglesa

Jiang Hongyan/Shutterstock/Glow Images
cana-de-açúcar

Folhas

Svitlana-Ua/Shutterstock/Glow Images
alface

Le Do/Shutterstock/Glow Images
escarola

Flores

Nattika/Shutterstock/Glow Images
brócolis

Africa Studio/Shutterstock/Glow Images
couve-flor

Frutos

Nattika/Shutterstock/Glow Images
melancia

Anna Kucherova/Shutterstock/Glow Images
tomate

Sementes

Gmeviphoto/Shutterstock/Glow Images
feijão

Valentyn Volkov/Shutterstock/Glow Images
arroz

As plantas também são usadas pelo ser humano com outros objetivos.

O tronco de árvores, por exemplo, é usado para a construção de móveis e para a produção de papel. E muitas plantas são cultivadas para a produção de tecidos, cosméticos e remédios.

As imagens não estão em tamanho proporcional entre si.

Ilustrações: Mauro Nakata/Arquivo da editora

LEITURA DE IMAGEM

OS VEGETAIS NA ALIMENTAÇÃO

Os vegetais fazem parte da alimentação do ser humano e são muito importantes para a nossa saúde.

OBSERVE

Fisher Photostudio/Shutterstock

1. O que a imagem mostra?

____

2. Ao observar a imagem, você vê primeiro:

☐ um conjunto de alimentos. ☐ uma figura humana.

3. Anote em seu caderno todos os vegetais da imagem que você conhece. Circule os que você não sabe o nome.

4. Como você descreveria o colorido da imagem? O que isso tem a ver com as cores dos vegetais?

____

____

5. Você costuma consumir alguns dos alimentos mostrados na imagem? Quais deles e com que frequência?

____

____

ANALISE

6. Quantas cores diferentes você identifica na imagem? Quais são elas?

____

RELACIONE

7. Uma alimentação saudável deve conter alimentos de várias cores. A variedade de cores dos vegetais da imagem representa uma alimentação balanceada? No caderno, explique sua resposta.

CONSERVAÇÃO: PLANTAS

A preservação da vegetação nativa ou natural é muito importante para a manutenção da diversidade de animais e de plantas nela encontrados e para a conservação dos elementos naturais não vivos, como a água, o solo e o ar. Observe as imagens a seguir.

Ale Ruaro/Pulsar Imagens

Floresta Amazônica, Altamira (PA), 2011.

Ricardo Teles/Pulsar Imagens

Floresta plantada, Teixeira de Freitas (BA), 2010.

- Quais são as semelhanças e as diferenças entre a vegetação das florestas retratadas nas imagens?

- Em qual das florestas é possível encontrar uma variedade maior de seres vivos? Por quê?

- As florestas plantadas substituem as florestas naturais? Por quê?

- Para tirar proveito dos elementos da natureza, você acha que o ser humano prejudica os ambientes naturais?

O ser humano faz parte da natureza. Do ambiente retiramos alimentos e outros materiais. Por exemplo, se precisamos de madeira, podemos usar a da floresta nativa ou de floresta plantada.

Leia o texto abaixo.

Além de abrigarem uma diversidade enorme de seres vivos, cores e cheiros, as florestas nos fornecem a base para objetos muito presentes em nosso cotidiano, como o papel.

Mas não pense que, para fazer papel, é preciso sair por aí derrubando árvores — já foi assim, mas, atualmente, existem plantações de árvores feitas especialmente para esse fim. São florestas formadas por apenas um tipo de árvore, especialmente escolhido para fabricar papel.

Gabriela Reznik, Instituto Ciência Hoje (RJ). Disponível em: <http://chc.cienciahoje.uol.com.br/com-quantas-arvores-se-faz-um-caderno/>. Acesso em: 27 out. 2015.

- **Apresente um ponto positivo e um negativo sobre a forma de conseguir a madeira apresentada no texto acima.**

Simone Ziasch/Arquivo da editora

NESTE CAPÍTULO, VOCÊ VIU QUE:

- Os vegetais podem ser cultivados e são muito importantes para as necessidades do ser humano.
- Diversos vegetais são utilizados na alimentação do ser humano e de outros animais.
- A preservação é muito importante para a manutenção da diversidade de seres vivos.

ATIVIDADES DO CAPÍTULO

1. Encontre no diagrama o nome de nove alimentos. As palavras podem estar na vertical ou na horizontal.

P	A	L	M	I	T	O	T	A	V	A	I	L	O
L	O	U	F	A	L	E	I	T	E	R	P	M	C
A	P	I	R	L	A	O	U	A	S	A	E	D	V
C	E	N	O	U	R	A	S	F	P	E	L	T	P
F	L	O	C	B	A	Q	U	I	I	S	R	Q	O
I	S	C	V	R	N	E	H	L	N	F	S	B	L
B	R	O	N	M	J	S	U	I	A	C	A	A	O
A	R	U	L	I	A	P	O	R	F	F	O	R	V
C	E	G	U	I	L	I	M	O	R	A	N	G	O
F	E	I	J	Ã	O	R	O	S	E	R	R	O	L
M	A	Ç	Ã	C	I	T	U	I	L	E	M	E	A

Agora complete a tabela com o nome dos alimentos de origem vegetal cultivados pelo ser humano para a alimentação. Preencha nos locais correspondentes, indicando qual é folha, caule, raiz, semente ou fruto.

Alimento de origem vegetal	Folha, raiz, semente, caule ou fruto?
	SEMENTE
	FOLHA
	CAULE
	RAIZ
	FRUTO

2. Veja a história em quadrinhos abaixo.

VOCÊ SABIA? NATUREZA, DE MAURICIO DE SOUSA.
SÃO PAULO: GLOBO, 2006.

- Agora responda: se os animais do segundo quadrinho pudessem falar com o homem que cortou as árvores, o que você acha que eles diriam? Por quê?

3. O papel e o lápis são feitos da madeira de certas plantas. O que acontece a essas plantas quando economizamos, reutilizamos ou reciclamos esses materiais? Responda no caderno.

ENTENDER E PRATICAR CIÊNCIAS

ENTREVISTA COM UM JARDINEIRO

Você e seus colegas vão elaborar as perguntas que serão feitas para entrevistar um jardineiro.

Perguntas

A lista abaixo poderá ajudá-los.

- Quais são os cuidados necessários com o solo antes do plantio?
- No plantio, há preferência do uso de sementes ou de mudas? Por quê?
- O que foi levado em consideração na escolha das plantas?
- Quais são os cuidados necessários com as plantas?
- Que animais já foram encontrados perto de plantas?

Vocês podem fazer também perguntas sobre outros aspectos que considerem interessantes.

Registro dos dados coletados

Em uma folha à parte, registre as respostas do entrevistado.

Depois converse com os colegas sobre as semelhanças e as diferenças encontradas nas respostas dadas.

Ilustrações: Vicente Mendonça/Arquivo da editora

SUA VEZ DE PLANTAR

MATERIAL
- vasos
- terra
- pá pequena
- sementes
- regador
- luvas

Prática

Vamos plantar alguns vegetais?
Siga as etapas a seguir e bom trabalho!

1. Defina as sementes que serão plantadas.
2. Providencie o material necessário.
3. Utilizando as luvas, prepare a terra, coloque-a nos vasos e faça o plantio.
4. Etiquete cada vaso com o nome da planta e a data do plantio.
5. Cuide das plantas regando sempre que necessário.
6. Faça anotações sobre o desenvolvimento das diferentes plantas, registrando qual delas brotou primeiro, qual viveu por mais tempo, etc.

LER E ENTENDER

Você gosta de ouvir música? Quais são suas músicas preferidas?

Você vai conhecer a letra da canção "Pomar", do grupo Palavra Cantada.

Quais palavras você acha que podem fazer parte dessa letra de canção?

Cante-a com seu professor e seus colegas e descubra!

POMAR

Banana, bananeira
Goiaba, goiabeira
Laranja, laranjeira
Maçã, macieira

Mamão, mamoeiro
Abacate, abacateiro
Limão, limoeiro
Tomate, tomateiro
Caju, cajueiro
Umbu, umbuzeiro
Manga, mangueira

Pera, pereira
Amora, amoreira
Pitanga, pitangueira
Figo, figueira
Mexerica, mexeriqueira
Açaí, açaizeiro
Sapoti, sapotizeiro
Mangaba, mangabeira
Uva, parreira
Coco, coqueiro
Ingá, ingazeiro
Jambo, jambuzeiro
Jabuticaba, jabuticabeira

Pomar. **Canções de brincar** (CD), Palavra Cantada, 1996.

HQZart/Arquivo da editora

ANALISE

1. Você gostou dessa letra de canção? Por quê?

HQZart/Arquivo da editora

____

____

2. Como a letra dessa canção foi organizada?

- [ ] Em parágrafos, como nas fábulas e nos contos de fadas.
- [ ] Em versos e estrofes, como nos poemas.

3. Nas estrofes abaixo, pinte com a mesma cor as palavras que rimam, ou seja, as palavras que terminam com sons parecidos.

Banana, bananeira
Goiaba, goiabeira
Laranja, laranjeira
Maçã, macieira

Mamão, mamoeiro
Abacate, abacateiro
Limão, limoeiro
Tomate, tomateiro

4. Quantas palavras há em cada verso dessa letra?

____

RELACIONE

5. Por que o título da letra de canção é "Pomar"?

____

6. Na letra da canção, pinte de amarelo as palavras que indicam plantas e de verde as que indicam frutos.

7. Há algum fruto na letra dessa canção que você não conhece?

____

O QUE APRENDI?

1. Observe novamente a imagem de abertura da Unidade e responda às questões a seguir.

Paisagem composta de vegetais e seus derivados.

a) Os vegetais da imagem são de ambiente terrestre ou aquático?

____

b) Quais plantas você identifica na imagem?

____

____

c) Quais partes das plantas você identifica na imagem?

____

____

____

2. Complete as lacunas com termos importantes estudados nesta Unidade.

a) Raiz, caule, folha, flor, fruto e semente são ______________________ das plantas.

b) As plantas, como todos os seres vivos, nascem, crescem, se desenvolvem, podem se reproduzir e morrem. Esse processo é chamado de ______________________________.

c) As plantas ______________________ são aquelas utilizadas pelos seres humanos para atender às suas necessidades de alimentação e de obtenção de energia, roupas, móveis, papéis, etc.

d) Chamamos de ______________________ aquilo que se faz buscando a manutenção dos animais e das plantas do ambiente.

e) As ______________________ podem dar origem a novas plantas e podem estar dentro dos frutos.

3. Este é o momento de pensar no que você aprendeu nesta Unidade. Indique com um **X** na tabela.

Conteúdos estudados	Compreendi este conteúdo	Fiquei com algumas dúvidas e preciso retomar	Não compreendi e preciso retomar
Capítulo 4 Características das plantas e os diversos ambientes em que vivem			
Capítulo 5 Partes das plantas e seu ciclo de vida			
Capítulo 6 Plantas cultivadas pelo ser humano e a importância da preservação			

Converse com os colegas e o professor para entender melhor o seu aproveitamento e, assim, iniciar o estudo da próxima Unidade.

UNIDADE 3

OS ANIMAIS

Biry Sarkis/Arquivo da editora

- Que animais da imagem você conhece?
- Você percebe diferenças e semelhanças entre eles?
- Todos esses animais vivem no mesmo ambiente?

CAPÍTULO 7

CARACTERÍSTICAS DOS ANIMAIS

SEMELHANÇAS E DIFERENÇAS ENTRE OS ANIMAIS

Na imagem de abertura desta Unidade, você viu um pouco da variedade de animais que podem ser encontrados pelo mundo.

Neste capítulo, além da diversidade, você também conhecerá as características dos animais.

Os animais são muito diferentes entre si. Com pelo ou sem pelo, com asa ou sem asa, com escamas ou sem escamas. Veja:

Macaco

Escorpião-amarelo

Borboleta-monarca

Lacraia

Peixe

Tucano

Iguana

Apesar de os animais terem características diferentes uns dos outros, há algumas delas que são comuns a todos os animais:

- são seres vivos, ou seja, têm ciclo de vida;
- não produzem o próprio alimento, alimentam-se de outros seres vivos, como os vegetais e outros animais;
- a maioria deles é capaz de se locomover.

Volodymyr Burdiak/Shutterstock
Morcego

Efired/Shutterstock
Caramujo

Mario Friedlander/Pulsar Imagens
Jabuti

Dmitri Gomon/Shutterstock
Gafanhoto

Nashepard/Shutterstock
Salamandra

Baleia

Stephen Frink Collection/Alamy

OS ANIMAIS E OS AMBIENTES

Ave voando.

Victor Tyakht/Shutterstock

Os animais estão adaptados aos ambientes que habitam. Eles obtêm dos ambientes tudo aquilo de que necessitam para sobreviver e se desenvolver, como alimento e abrigo.

Animais terrestres são os que vivem sobre a terra ou os que podem voar. Os animais aquáticos vivem na água.

Tartaruga marinha nadando.

Louise Murray/SPL/Latinstock

Serpente rastejando.

Martin Harvey/Alamy/Latinstock

Canguru saltando.

Theo Allofs/Minden Pictures/Getty Images

Cavalos correndo.

Olga_i/Shutterstock

Golfinho mergulhando.

Sokolov Alexey/Shutterstock

Besouro voando.

Nastya22/Shutterstock

A LOCOMOÇÃO DOS ANIMAIS

- **Será que todos os animais se locomovem da mesma forma?**

  Observe as imagens da página anterior e complete o quadro abaixo.

Nome do animal	Ambiente em que vive	Como se locomove

A locomoção auxilia os animais na procura de alimento, abrigo, locais para se reproduzir, etc.

Os animais terrestres podem, por exemplo, andar, correr, saltar, rastejar, nadar ou voar; locomovem-se, portanto, de várias maneiras.

A maioria dos animais aquáticos nada, mas entre esses animais há aqueles que rastejam ou andam no fundo do mar.

Alguns animais não se locomovem durante toda ou parte de sua vida, como os corais.

Os corais e as esponjas são animais marinhos que não se locomovem.

Vilainecrevette/Shutterstock

O CORPO DOS ANIMAIS

Você acha que há relação entre o ambiente e o corpo dos animais?

Certas características dos animais, como a forma, o tamanho e a cobertura do corpo, são muito variadas e podem ter relação com o ambiente em que vivem, os hábitos e as necessidades deles.

Fesus Robert/Shutterstock

O gato tem o corpo coberto por pelos.

Fabio Colombini/Acervo do fotógrafo

O pirarucu tem o corpo com formato favorável à natação e coberto de escamas.

Ian Duffield/Shutterstock

O corpo da arara é coberto por penas e seu formato é favorável ao voo.

asawinimages/Shutterstock

O corpo do camaleão é coberto por uma pele grossa e seca, o que possibilita que ele viva em ambientes secos.

O corpo do besouro é coberto por uma casca dura, que o protege.

Irin-k/Shutterstock

Dirk Ercken/Shutterstock

O sapo tem pele fina e lisa e vive em ambientes úmidos para evitar a perda de água de seu corpo.

A ALIMENTAÇÃO DOS ANIMAIS

- As imagens abaixo mostram alguns animais e seus hábitos alimentares. Observe-as e complete as legendas.

Ulrich Mueller/Shutterstock/Glow Images

O boi se alimenta apenas de ______________________.

Fabio Colombini/Acervo do fotógrafo

A onça se alimenta de ______________________.

Dr. P. Marazzi/SPL/Latinstock

O macaco se alimenta de ______________________.

Os animais que se alimentam apenas de plantas são os **herbívoros**, como o boi, o coelho e a abelha. Os que se alimentam somente de carne de outros animais são os **carnívoros**, como o jacaré, a onça e o tamanduá-bandeira.

Existem ainda animais que se alimentam de plantas e também da carne de outros animais: são os **onívoros**, como o porco, o macaco e o lobo-guará.

NESTE CAPÍTULO, VOCÊ VIU QUE:

- Existe uma grande variedade de animais.
- Os animais têm características comuns entre si: são seres vivos, precisam se alimentar de outros seres vivos e se locomovem.
- Os animais se adaptam aos ambientes em que vivem.
- Há animais aquáticos e terrestres.
- Quanto aos hábitos alimentares, os animais podem ser herbívoros, carnívoros ou onívoros.

ATIVIDADES DO CAPÍTULO

1. Leia o poema.

O QUE DISSE O PASSARINHO

Ilustrações: HQZart/Arquivo da editora

Um passarinho me contou
Que o elefante brigou
Com a formiga só porque
Enquanto dançavam (segundo ele)
Ela pisou no pé dele!
Um passarinho me contou
Que o jacaré se engasgou
E teve de cuspi-lo inteirinho
Quando tentou engolir,
Imaginem só, um porco-espinho! [...]

Um passarinho me contou
Que a ostra é fechada,
Que a cobra é enrolada
Que a arara é uma cabeça oca,
E que o leão-marinho e a foca...
Xô, xô, passarinho, chega de
fofoca!

PAES, José Paulo. *Um passarinho me contou.* São Paulo: Ática, 1996.

- Circule o nome dos animais no poema e complete a tabela indicando uma forma utilizada por cada um deles para se locomover.

Forma de locomoção	Animal
VOAR	
RASTEJAR	
ANDAR	
NADAR	

2. Observe as imagens a seguir e depois numere-as de acordo com a cobertura do corpo de cada um dos animais.

1. penas	4. pele grossa e seca
2. pelos	5. cobertura dura para proteção do corpo
3. escamas	6. pele fina e úmida

Renato Soares/Pulsar Imagens

Papagaio

Irin-k/Shutterstock/Glow Images

Besouro

Luis Salvatore/Pulsar Imagens

Macaco-prego

Mario Friedlander/Pulsar Imagens

Jacaré

MP cz/Shutterstock

Peixe

Tom Reichner/Shutterstock

Sapo

3. Descubra qual é o animal em que o menino ao lado está pensando. Escreva abaixo o nome dele e desenhe-o em uma folha à parte.

Simone Ziasch/Arquivo da editora

____

____

ENTENDER E PRATICAR CIÊNCIAS

PEGADAS

Quando um animal se locomove de um lugar para outro, ele deixa pistas de que passou por ali. Podem ser alguns pelos ou penas, sobras de alimento ou pegadas. Vamos conhecer um pouco mais as pegadas? Observe as imagens.

Fabio Colombini/Acervo do fotógrafo

Onça

sh.el.photo/Shutterstock

Pato

LEVANTAMENTO DE HIPÓTESES

- Observe atentamente os pés da onça e do pato que aparecem nas imagens. Como você imagina que seriam as marcas deixadas no solo por esses animais?
- Faça um desenho para mostrar o que você pensou.

Ilustrações: Simone Ziasch/Arquivo da editora

MATERIAL

- argila não tóxica (1 quilograma)
- duas tampas de potes de margarina
- uma tampa de caixa de sapatos
- palitos de sorvete
- lenços umedecidos

Procedimento

1. Amasse a argila com as mãos limpas até que ela fique macia e flexível.
2. Modele a argila nas duas tampas de potes de margarina, de maneira que forme duas placas lisas. Faça isso também com a tampa da caixa de sapatos.
3. Nas placas menores desenhe, usando palitos de sorvete, como você imagina que seriam as marcas deixadas pela onça e pelo pato.
4. Sentado e descalço, pressione levemente seu pé contra a placa maior até que fique impressa a sua pegada.
5. Limpe seu pé e suas mãos com lenços umedecidos.

Pesquisa

6. Com a ajuda de um adulto, pesquise em livros, revistas e na internet como são as pegadas do pato e da onça.
7. Compare o resultado da pesquisa com a sua hipótese inicial. Sua hipótese se confirmou ou você notou alguma diferença?

Conclusão

8. Compare a pegada da onça com a do pato. Explique, em seu caderno, as semelhanças e diferenças entre elas.
9. Por que o pé do pato tem ligações entre os dedos?
10. Compare sua pegada com a dos colegas da sala. O que você encontrou de semelhanças e de diferenças? Explique.
11. Agora, compare sua pegada com as dos animais pesquisados. Com qual pegada você acha que a sua se assemelha mais?

CAPÍTULO 8

CONHECENDO MAIS OS ANIMAIS

CICLO DE VIDA

Como os outros seres vivos, os animais têm um **ciclo de vida**.

Observe as imagens abaixo, que mostram as mudanças durante a vida de uma cadelinha.

Mauro Nakata/Arquivo da editora

As mudanças pelas quais os seres vivos podem passar durante sua existência são chamadas de **fases do ciclo de vida**, que são: o nascimento, o crescimento, o desenvolvimento, a reprodução e a morte.

- Você acha que os filhotes da cadelinha retratada no ciclo de vida acima são parecidos com ela?

____

____

- Você acha que todos os animais nascem da mesma forma?

As imagens abaixo mostram as fases do ciclo de vida das tartarugas.

Alguns filhotes de animais se desenvolvem dentro do corpo da mãe até o nascimento. É o caso do cão e do ser humano.

Outros animais põem ovos, e os filhotes se desenvolvem fora do corpo da mãe até o nascimento, como a galinha, o jacaré e a tartaruga.

Você acha que todos os filhotes, ao nascer, são parecidos com seus pais? Veja algumas fases do ciclo de vida da borboleta.

Alguns animais, como a borboleta, nascem muito diferentes da forma que têm quando chegam à fase adulta.

Ao longo de seu desenvolvimento, esses animais sofrem grandes mudanças; esse processo é chamado **metamorfose**.

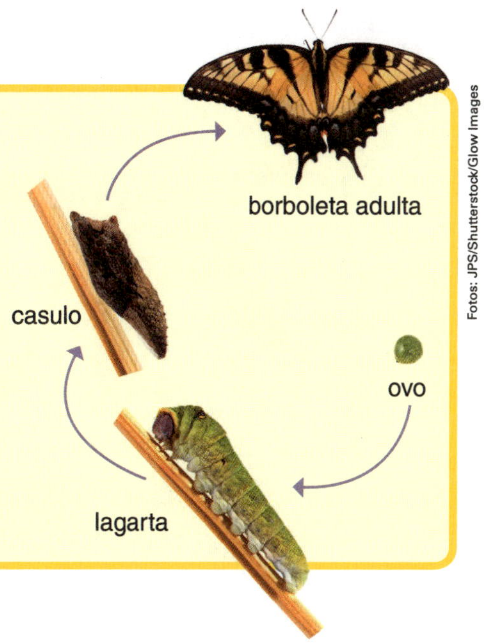

Gentoo Multimedia Limited/Shutterstock/Glow Images

Pinguins macho, fêmea e filhote.

REPRODUÇÃO

Como você viu, os animais são seres vivos, e a reprodução é uma das fases do seu ciclo de vida.

A reprodução é o processo em que o animal dá origem a seus filhotes. Ela permite que os seres vivos continuem a existir no planeta.

A reprodução geralmente envolve uma fêmea e um macho de um mesmo tipo de animal.

Fêmea de percevejo e seus filhotes.

Ex0rzist/Shutterstock/Glow Images

Em certos animais, além da reprodução entre um macho e uma fêmea, pode ocorrer outro tipo de reprodução. Um exemplo é a estrela-do-mar, que, de uma parte de seu corpo, pode dar origem a um novo animal.

Efired/Shutterstock

Mauro Nakata/Arquivo da editora

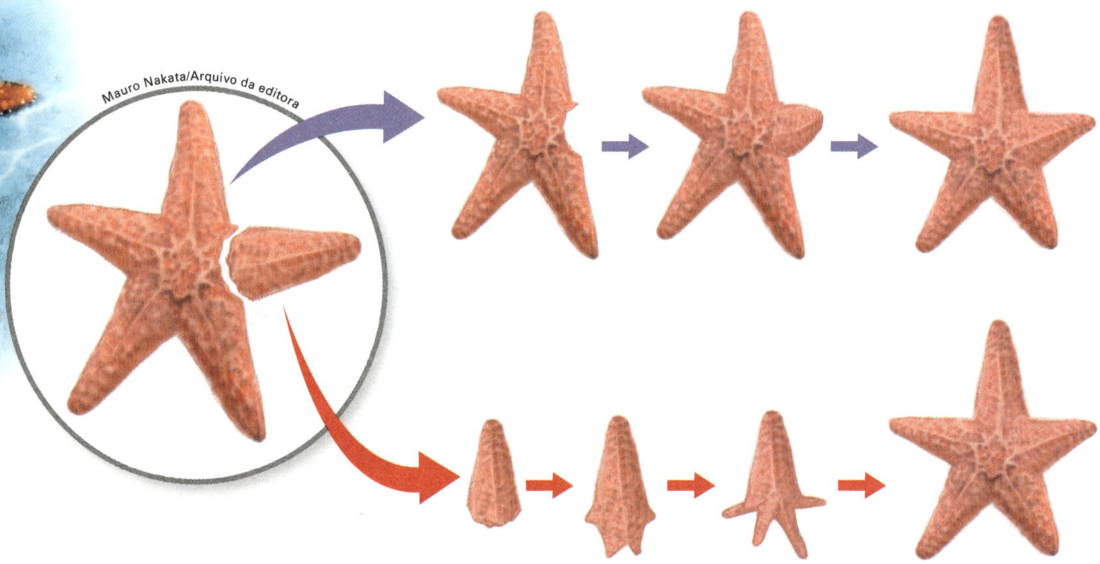

Estrela-do-mar se regenerando e se reproduzindo a partir de um braço.

O SER HUMANO E SUA REPRODUÇÃO

Os seres humanos, assim como os outros animais, passam por um ciclo de vida e podem se reproduzir. Sua reprodução ocorre pela união de um homem e uma mulher (macho e fêmea), dando origem a novos indivíduos semelhantes aos pais, que se desenvolvem dentro do corpo da mãe até o nascimento.

Monkey Business Images/Shutterstock

NESTE CAPÍTULO, VOCÊ VIU QUE:

- Os animais têm ciclo de vida.
- Eles podem se desenvolver dentro de ovos ou dentro do corpo da mãe até o nascimento.
- Em alguns animais, como a borboleta, ocorrem mudanças na forma e na estrutura corporal. Esse processo é chamado de metamorfose.
- A reprodução garante a existência dos seres vivos.

ATIVIDADES DO CAPÍTULO

1. Observe as imagens abaixo. Numere as etapas do ciclo de vida de uma égua, indicando a sequência correta.

Ilustrações: Mauro Nakata/Arquivo da editora

2. Que animais, ao nascer, são parecidos com os pais? E quais são diferentes? Preencha o quadro abaixo com suas respostas.

Animais que parecem com os pais ao nascer	Animais que não parecem com os pais ao nascer

3. Onde se desenvolvem estes filhotes de animais até o nascimento? Responda abaixo, indicando: se dentro de ovos, escreva abaixo da imagem a palavra **ovo**; se dentro do corpo da mãe, escreva abaixo da imagem a palavra **corpo**.

N center/Shutterstock

Ikpro/Shutterstock/Glow Images

Tartaruga: ______________________.   Lagarta: ______________________.

Drago Nika/Shutterstock/Glow Images

Irin-k/Shutterstock/Glow Images

Cavalo: ______________________.   Galo: ______________________.

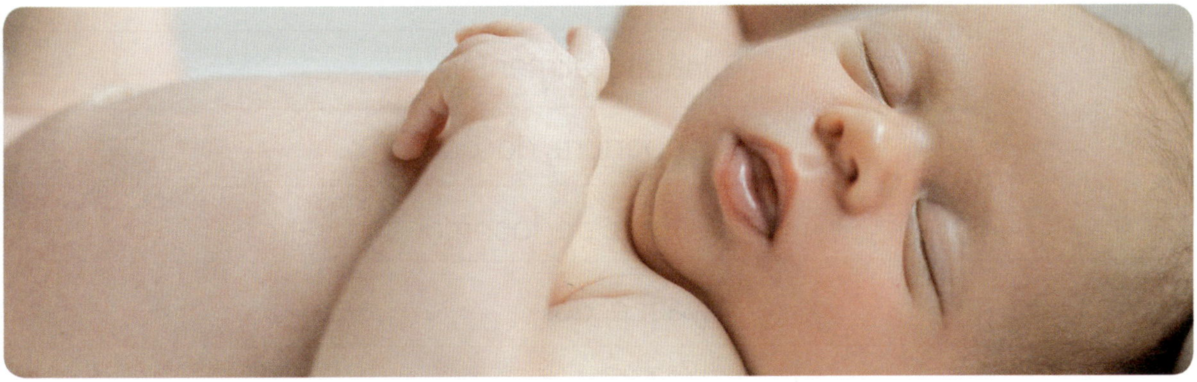
Yaromir/Shutterstock/Glow Images

Ser humano: ______________________.

ENTENDER E PRATICAR CIÊNCIAS

ÁLBUM DE ANIMAIS

Complete os espaços em branco com as informações que estão faltando sobre alguns animais, conforme o exemplo.

Se for preciso, peça ajuda a um adulto e pesquise as informações em livros, revistas e na internet ou converse com um especialista.

Destaque os adesivos do **Material Complementar** e cole-os nos lugares correspondentes.

	Ambiente em que vive: terrestre.
	Hábito alimentar: carnívora.
	Cobertura do corpo: pelos.
	Forma de locomoção: anda e corre.
onça-pintada	Nasce do: corpo da mãe.

	Ambiente em que vive:
	Hábito alimentar:
	Cobertura do corpo:
	Forma de locomoção:
cobra-coral	Nasce do:

Ilustrações: Simone Ziasch/Arquivo da editora

arara-azul-grande

Ambiente em que vive:

Hábito alimentar:

Cobertura do corpo:

Forma de locomoção:

Nasce do:

mico-leão-dourado

Ambiente em que vive:

Hábito alimentar:

Cobertura do corpo:

Forma de locomoção:

Nasce do:

sapo-cururu

Ambiente em que vive:

Hábito alimentar:

Cobertura do corpo:

Forma de locomoção:

Nasce do:

preguiça-de-coleira

Ambiente em que vive:

Hábito alimentar:

Cobertura do corpo:

Forma de locomoção:

Nasce do:

CAPÍTULO 9

CUIDADOS COM OS ANIMAIS

ANIMAIS DOMESTICADOS E SILVESTRES

- Você tem ou conhece alguém que tenha algum animal de estimação? Que animal é esse?

Os animais criados pelo ser humano são chamados de **animais domesticados**. Alguns deles vivem na casa das pessoas ou próximos a elas: são os **animais de estimação**.

Os animais de estimação mais comuns em todo mundo são os cães e gatos, mas há muitos outros animais que podem viver sob os cuidados dos seres humanos, como aves e peixes.

gurinaleksandr/Shutterstock

A saúde e o bem-estar dos animais de estimação são responsabilidade dos seus cuidadores.

- Ter um animal de estimação exige responsabilidade. Registre três cuidados que o cuidador deve ter para que seu animal cresça saudável.

- Além dos animais da página anterior, que outros animais você sabe que são criados como animais de estimação?

- Que animal, entre aqueles que conhece, você não gostaria de ter como animal de estimação? Por quê?

- Desenhe abaixo o animal de estimação que você gostaria de ter.

Os animais domesticados são aqueles que foram amansados para conviver com os seres humanos.

Nos sítios e nas fazendas é possível encontrar vários animais que são criados pelo ser humano para ajudar no transporte de pessoas e de produtos e na produção de alimentos e roupas, por exemplo.

Christiane Messias/Arquivo da editora

Representação artística de animais domesticados da zona rural.

Animais silvestres ou **selvagens** são aqueles que vivem livres em seu ambiente natural.

Eles são diferentes dos animais domesticados porque não dependem dos cuidados dados pelo ser humano para conseguir alimento e abrigo.

Para se alimentar, eles caçam, pescam e comem vegetais. Dependem do próprio esforço para buscar o alimento necessário para a sua sobrevivência e vivem em seu ambiente natural.

Andreas Trepte/Wikipedia/Wikimedia Commons

Carcará

mlorenz/Shutterstock

Jaguatirica

Patrick K. Campbell/Shutterstock

Sucuri

Andrew M. Allport/Shutterstock

Quati

PRESERVAÇÃO: ANIMAIS

Retirar animais silvestres do ambiente natural deles e vendê-los sem licença é um desrespeito à natureza e às leis que proíbem esse tipo de atividade.

Leia o texto a seguir sobre esse assunto.

Fabio Colombini/Acervo do fotógrafo

VOLTA, ARARINHA-AZUL!

Entre os muitos animais que habitam o Brasil, os papagaios, os periquitos e as araras chamam a atenção por sua beleza e inteligência. Um exemplo disso é a ararinha-azul, descoberta em 1819 na Bahia e que, infelizmente, já não voa livre por aí.

Disputada por colecionadores de animais, a ararinha-azul enfrenta hoje o perigo do **tráfico de animais silvestres** e também a destruição de seu ambiente natural. Em razão disso, a ararinha-azul já não é mais avistada na natureza.

UM POUCO DE ESPERANÇA

A ararinha-azul desapareceu da natureza, mas ainda não foi extinta. Restam algumas, criadas em cativeiro, como parte de um programa de conservação realizado em vários países. Com o nascimento de filhotes, espera-se que aos poucos o número de ararinhas aumente e que, no futuro, esse animal possa voltar ao seu ambiente natural. Se isso ocorrer, nosso céu voltará a ficar mais azul.

COSTA, Henrique Caldeira. *Ciência Hoje das Crianças*. São Paulo: SBPC, 1º abr. 2011. Disponível em: <http://chc.cienciahoje.uol.com.br/O-azul-que-sumiu-do-ceu/>; CIÊNCIA HOJE DAS CRIANÇAS. São Paulo: SBPC, 4 jul. 2012. Disponível em: <http://chc.cienciahoje.uol.com.br/Volta-ararinha-azul/>. Acesso em: 26 out. 2015.

- **Converse com os colegas e responda às questões a seguir.**

a) Qual o significado da palavra **tráfico** no texto ao lado?

____

b) O que significa a expressão "tráfico de animais silvestres"?

____

____

Os seres vivos dependem de relações entre si para sobreviver. Portanto, a retirada de animais do ambiente natural causa um desequilíbrio e pode prejudicar os demais seres vivos daquele lugar.

O macaco-prego corre risco de extinção por causa do tráfico de animais silvestres.

NESTE CAPÍTULO, VOCÊ VIU QUE:

- Animais domesticados são aqueles que o ser humano cria com diversas intenções: fazer companhia, servir de alimento ou de transporte, etc.
- Já os animais silvestres são aqueles que não necessitam de cuidados humanos para se alimentar, se reproduzir ou se abrigar em seu ambiente natural.
- A preservação dos animais é muito importante para manter o equilíbrio do ambiente em que vivem.

ATIVIDADES DO CAPÍTULO

1. Todo animal que vive na casa das pessoas pode ser considerado de estimação? Observe a imagem e responda. Dê exemplos para explicar a sua resposta.

Ilustrações: Simone Ziasch/Arquivo da editora

2. Observe a imagem abaixo e faça o que se pede.

a) Circule os animais silvestres na imagem.

b) Faça um **X** nos animais domesticados.

3. Muitos animais estão sendo extintos. Isso quer dizer que eles estão desaparecendo do planeta Terra. Faça legendas para as imagens utilizando os termos apontados e explicando como cada acontecimento pode levar à extinção dos seres vivos.

Zorandim/Shutterstock/Glow Images

lixo

Sergio Ranalli/Pulsar Imagens

desmatamento

Donovan van Staden/Shutterstock

caça ilegal

ENTENDER E PRATICAR CIÊNCIAS

FILME

O filme **Tainá 3: a origem** mostra a história de uma menina indígena que vive em uma floresta brasileira e sua relação com o ambiente e os seres vivos daquela região.

Assista ao filme. Depois, discuta com os colegas e o professor quais foram suas impressões sobre o que viram e responda às questões abaixo.

1. Você acha correto o ser humano retirar animais silvestres do ambiente natural deles para vendê-los? Por quê?

2. Se as pessoas deixassem de comprar animais silvestres, eles continuariam a ser capturados? Por quê?

Videowokart/Shutterstock

Operation Shooting/Shutterstock

Mikadun/Shutterstock

Marcos Amend/Pulsar Imagens

Matt Jeppson/Shutterstock

Marcos Amend/Pulsar Imagens

MINIPROJETO

3. No filme, a personagem da menina Tainá é muito importante para a preservação dos animais da floresta. O que ela faz que os ajuda?

____

____

4. Em grupos com os colegas, pesquisem e discutam outras formas de ajudar na preservação dos animais.

5. Escolham uma das opções que surgirem na conversa e façam um projeto com o tema **preservação dos** , que deverá ser apresentado para a classe ou para a escola. Vocês podem produzir cartazes, vídeos, uma apresentação teatral, etc. Peçam ajuda ao professor para executar a ideia escolhida.

Dirk Ercken/ Shutterstock

Illustrações: Vicente Mendonça/Arquivo da editora

LER E ENTENDER

Há textos que têm versos e palavras que rimam, ou seja, palavras que têm sons parecidos, geralmente no final delas. Você conhece algum texto assim?

Você vai ler um poema que tem versos e rimas. Veja o título desse poema e responda: se você pudesse ser um bicho, qual bicho seria? Por quê?

Ilustrações: Jorge Zaiba/Arquivo da editora

VIDA DE BICHO

Vida de bicho é mesmo muito boa.
O pato nada alegre na lagoa.
Passarinho voa livre pelo céu, no ar!
A baleia mergulha no mar.
Cada um tem seu lugar.
Você na sua casa,
Eu na minha casa e o bicho no seu *habitat*!
Na selva, no oceano, no deserto, na floresta,
No rio, na geleira ou no pantanal!
Bom mesmo é viver seguro, livre e feliz,
No seu *habitat* natural.

DAREZZO, Margareth. *Canteiro*. São Paulo: Ática, 2012.

ANALISE

1. Por que, de acordo com o poema, "Vida de bicho é mesmo muito boa"?

____

2. Em sua opinião, vida de bicho é boa? Por quê?

____

____

3. Leia em voz alta a última palavra de cada verso.

a) O que elas têm de parecido?

____

____

b) Quais delas têm o mesmo som? Pinte-as, no poema, com a mesma cor.

RELACIONE

4. De acordo com o que você estudou nesta Unidade, como os animais que aparecem no poema podem ser classificados de acordo com o ambiente em que vivem? ______________________

5. Agora, agrupe os animais do poema de acordo com esses ambientes.

a) aquático: ______________________

b) terrestre: ______________________

O QUE APRENDI?

1. Observe novamente a imagem da abertura da Unidade e preencha com **V** (verdadeiro) ou **F** (falso) cada afirmação abaixo.

Biry Sarkis/Arquivo da editora

☐ Existe uma grande variedade de animais.

☐ Os animais têm características comuns entre si.

☐ Os animais não estão aptos para viver em seu *habitat*.

☐ O ser humano é um animal.

☐ São mostrados animais domesticados e silvestres.

2. Veja a seguir as fotos de alguns animais e complete as legendas com os números correspondentes.

1	2	3	4
formato do corpo	hábito alimentar	ciclo de vida	locomoção

Pavel Mikoska/Shutterstock/Glow Images

Em relação ao seu ______, a lebre é um herbívoro.

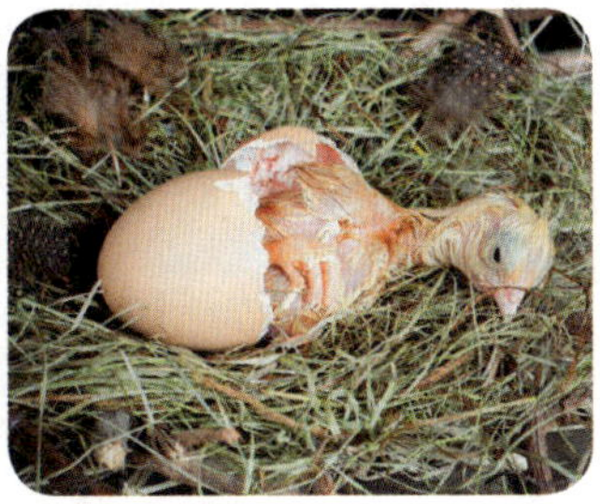
Anneka/Shutterstock/Glow Images

O nascimento do galo é uma das fases do ______.

Shane Gross/Shutterstock/Glow Images

Uma forma de ______ do sapo é saltar.

Rene Krekels/Foto Natura/Minden/Latinstock

O ______ do tubarão o ajuda a nadar.

3. Este é o momento de pensar no que você aprendeu nesta Unidade. Indique com um **X** na tabela.

Conteúdos estudados	Compreendi este conteúdo	Fiquei com algumas dúvidas e preciso retomar	Não compreendi e preciso retomar
Capítulo 7 Características dos animais e os diversos ambientes em que vivem			
Capítulo 8 Ciclo de vida e reprodução dos animais			
Capítulo 9 Animais domesticados e silvestres e a importância da sua preservação			

Converse com os colegas e o professor para entender melhor o seu aproveitamento e, assim, iniciar o estudo da próxima Unidade.

UNIDADE 4

O CORPO HUMANO

Christiane Messias/Arquivo da editora

- Todas as crianças da imagem estão fazendo a mesma coisa?
- Você conhece alguém que se pareça com você em algum aspecto? Quem? Em que aspecto vocês são parecidos?
- Que sons você pode ouvir em uma situação como a da imagem?

CAPÍTULO

10 CARACTERÍSTICAS DO CORPO HUMANO

CRIANÇAS DIFERENTES, JEITOS DIFERENTES

Observe a foto abaixo. Será que estas irmãs gêmeas são parecidas em tudo?

Leia o que elas dizem. Alguma delas gosta das mesmas coisas que você? Qual delas?

Harm Kruyshaar/Shutterstock/Glow Images

As pessoas podem ter características semelhantes, como a cor dos olhos, o nome, a idade ou alguns gostos pessoais. Mas cada pessoa tem um modo de ser e de agir.

- **Escreva um gosto semelhante entre as meninas acima.**

____

- **Escreva duas diferenças entre as meninas.**

____

____

Leia o trecho da canção abaixo.

DIFERENÇAS

Cada um tem um
Rosto, corpo, nome,
Jeito de ser.
[...]
Todo mundo é
Diferente
Sendo igual,
Todo mundo é igual
Sendo diferente.
[...]

Essa canção faz parte do livro *Canteiro: músicas para brincar*, de Margareth Darezzo. São Paulo: Ática, 2011. p. 14.

Ilustrações: Giz de Cera/Arquivo da editora

- Você concorda com a letra da canção? Explique sua resposta.

____

____

- Se cada pessoa tem um jeito, como é possível conviver sem conflitos? Converse com o professor e os colegas.

SEMELHANÇAS E DIFERENÇAS ENTRE AS PESSOAS

Você sabia que nós, seres humanos, também somos animais?

Todas as pessoas pertencem a um mesmo grupo animal e compartilham com os outros animais as mesmas características gerais: são seres vivos, têm ciclo de vida, alimentam-se de outros seres vivos, locomovem-se.

Nino Cavalier/Shutterstock

Mas há certas características que são específicas dos seres humanos, como falar, escrever, ler, cultivar plantas e criar outros animais.

No geral, a forma e o funcionamento do corpo são comuns a todos os humanos.

Roman White/Shutterstock

- Nesta atividade você vai precisar de duas folhas de papel sulfite, caneta hidrocor e tinta guache.
- Em uma folha, coloque uma de suas mãos aberta e faça o contorno dela usando a caneta hidrocor.
- Agora passe a tinta guache na palma da mão que você contornou anteriormente e carimbe a outra folha de papel várias vezes.
- Compare o contorno e a impressão da sua mão com a de seus colegas e depois responda:
- Os detalhes (os traços) que aparecem no contorno e na impressão são iguais ou são diferentes?

Impressão digital

Sérgio Lima/Folhapress

As pessoas possuem elevações curvas na pele dos dedos.

Essas curvas formam um desenho chamado **impressão digital**.

As impressões digitais são únicas.

Ninguém tem a impressão digital igual à de outra pessoa, nem mesmo se elas forem gêmeas.

Por serem diferentes, as impressões digitais são utilizadas como forma de identificação de pessoas.

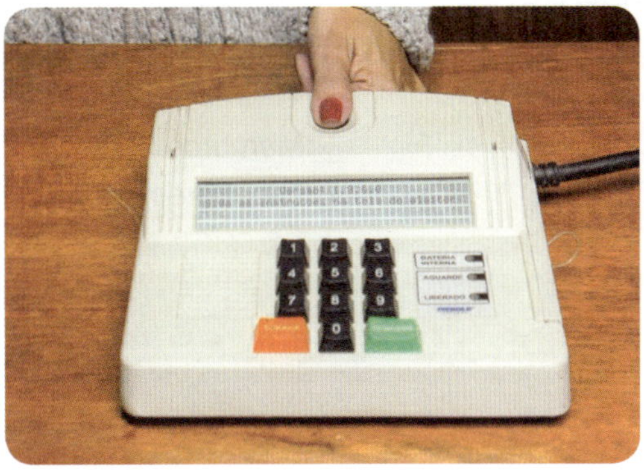

Rigamondis/Shutterstock/Glow Images

Para verificar a identidade do eleitor durante o processo de votação, algumas urnas eletrônicas apresentam um leitor de impressão digital.

Apesar de terem muitas características comuns, os seres humanos não são todos iguais: alguns são homens e outros são mulheres. Além disso, há também diferenças físicas individuais, como o formato do nariz, da boca, dos olhos; o jeito de falar, de andar; a altura; a cor da pele; o tipo de cabelo, etc.

Há também os gostos, os jeitos e as preferências que diferenciam uma pessoa da outra.

Christopher Futcher/Getty Images

PARTES DO CORPO HUMANO

Os seres humanos têm o corpo formado por cabeça, tronco, membros superiores e membros inferiores.

- Destaque as partes do corpo humano que estão no **Material Complementar**.
- Faça pequenos furos nos locais indicados.
- Utilize cinco elásticos e monte o corpo humano.
- Complete o corpo humano que você montou desenhando os olhos, a boca e o nariz no rosto do boneco. Se quiser, desenhe roupas para vesti-lo.
- Observe o corpo humano montado por seus colegas. Você nota alguma diferença? Quais?

- **Observe a legenda abaixo e pinte cada quadrinho com a cor indicada.**

  (amarelo) Faz parte da cabeça.

  (verde) Faz parte dos membros superiores.

  (laranja) Faz parte do tronco.

  (azul) Faz parte dos membros inferiores.

☐ sobrancelha	☐ perna	☐ braço
☐ pé	☐ boca	☐ nariz
☐ orelha	☐ tórax (região em que fica o peito)	☐ abdome (região em que fica a barriga)
☐ mão		

Algumas pessoas têm necessidades especiais: dependem de cadeiras de rodas para se locomover ou de próteses no caso de não possuírem algum membro. Dizemos que essas pessoas são portadoras de **deficiências físicas**.

próteses: aparelhos colocados no corpo para suprir a falta de um membro ou para corrigir uma função comprometida.

wavebreakmedia/Shutterstock

É muito importante convivermos bem com as diferenças pessoais, respeitando e reconhecendo que cada pessoa tem um jeito de ser.

NESTE CAPÍTULO, VOCÊ VIU QUE:

- Os seres humanos apresentam semelhanças e diferenças entre si.
- O corpo humano é formado por cabeça, tronco, membros superiores e membros inferiores.
- Devemos respeitar todas as pessoas.

ATIVIDADES DO CAPÍTULO

1. Leia os itens e indique o que é pedido.

a) Eu sou:

☐ menino. ☐ menina.

b) Meu cabelo é:

☐ loiro. ☐ preto. ☐ castanho.

☐ curto. ☐ comprido. ☐ de tamanho médio.

c) Minha comida preferida é ______________________.

d) Minha brincadeira preferida é ______________________.

e) Eu gosto mais de dias

☐ frios. ☐ quentes.

f) O programa de televisão de que mais gosto é ______________________.

2. Forme dupla com um colega e comparem as respostas que vocês deram na atividade anterior.

Depois complete o quadro registrando as respostas iguais e as diferentes.

Iguais	Diferentes

- Agora responda oralmente: você e seu colega têm mais opiniões semelhantes ou diferentes?

  Lembre-se de que as diferenças individuais devem ser sempre respeitadas.

3. Observe a tirinha e responda à questão.

© 1999 Mauricio de Sousa/Mauricio de Sousa Produções Ltda.

Seu maior desejo é igual ao dos personagens da tirinha? Explique.

4. Leia a frase.

Não são apenas as características físicas que tornam as pessoas semelhantes ou diferentes.

- **Você concorda com essa afirmação? Por quê?**

5. Leia estes trechos do livro *Quem sou eu?*.

[...]
De mim saem pernas, mas não sou mesa nem cadeira.
Tenho braços, mas não pensem que sou poltrona ou sofá.
[...]
Minha cabeça é maior que meu corpo.
Poderia ser um alfinete, mas já aviso que não sou.
[...]

ZATZ, Silvia. *Quem sou eu?*. São Paulo: Companhia das Letrinhas, 2011.

- **Sublinhe nos textos as partes do corpo que são citadas.**

ENTENDER E PRATICAR CIÊNCIAS

SERES ÚNICOS

Como vimos neste capítulo, uma pessoa nunca é igual a outra.

Uma das formas de se verificar isso é por meio das impressões digitais.

Vamos observar suas impressões digitais?

Siga as etapas.

MATERIAL

- lápis com grafite preta
- creme hidratante
- papel sulfite
- fita adesiva

Ilustrações: Vicente Mendonça/Arquivo da editora

Procedimento

1. Em uma folha de papel sulfite, faça riscos com o lápis até formar um quadrado do tamanho do seu dedo.

2. Aplique um pouco de creme no polegar e pressione-o sobre o quadrado de grafite feito na folha. Atenção: não movimente o dedo; apenas pressione com firmeza.

3. Coloque a fita adesiva sobre seu dedo. Dependendo da largura da fita, você vai precisar de dois pedaços para cobrir toda a impressão digital do polegar.

4. Tire a fita adesiva do seu dedo e cole-a no espaço abaixo.

5. Repita o mesmo procedimento para obter as impressões digitais do seu dedo indicador.

Polegar ______________________

Indicador ______________________

Adaptado de: <mundodainformao.blogspot.com.br/2012/04/revista-recreio.html>. Acesso em: 8 jan. 2016.

CAPÍTULO 11

CONHECENDO MAIS O CORPO HUMANO

FASES DA VIDA

- Observe a imagem e responda: as pessoas estão na mesma fase da vida?

____

____

- Quais fases da vida você identificou na imagem?

Monkey Business Images/Shutterstock

- Converse com os colegas sobre algo que vocês poderiam aprender com alguém mais velho e algo que vocês poderiam ensinar a essa pessoa.

Ao longo da vida, o ser humano passa por diferentes fases: infância, adolescência, fase adulta e velhice ou maturidade.

Leia o poema a seguir, que fala sobre isso.

PASSOS

Passos de brinquedo, leves,
Que não conhecem o chão.
É o bebê que faz a estreia
Com sapatinhos de lã. ______________________

Passos que dizem bom-dia
De tão claros, tão alegres!
São as meninas crescidas
Que voltaram do colégio. ______________________

Passos enérgicos, largos,
Tremem as próprias paredes.
São os homens do trabalho,
Que não têm tempo a perder. ______________________

Vagarosos passos últimos
Arrastados em chinelos.
São as vovozinhas
Acalentando seus netos. ______________________

LISBOA, Henriqueta. *O menino poeta*. Rio de Janeiro: Bedeschi, 1943.

Renato Ventura/Arquivo da editora

- **Escreva ao lado de cada trecho do poema a fase da vida a que ele se refere.**
- **Agora, justifique as respostas da questão anterior indicando aquilo que você identificou como característica de cada fase citada.**

____

____

____

O ser humano apresenta diferentes características e comportamentos em cada fase da vida. Veja.

Infância

A infância vai desde o nascimento até o início da adolescência, ou seja, de 0 a 11 anos, aproximadamente. É uma fase marcada por muitas novidades, aprendizagens e descobertas que possibilitam o desenvolvimento do ser humano. Nessa etapa o mais importante é brincar, estudar e relacionar-se com o mundo à nossa volta, com as pessoas e outros seres.

Ilustrações: Vicente Mendonça/Arquivo da editora

Adolescência

O início da adolescência ocorre por volta dos 11 anos (período conhecido também como puberdade) e vai até a fase adulta. Durante a adolescência, acontecem muitas mudanças no corpo, nos gostos e nas preferências de cada pessoa.

Fase adulta

Nesta fase, que começa por volta de 21 anos, em geral as pessoas iniciam a vida profissional e vão adquirindo mais independência e responsabilidade. Algumas constituem família nessa etapa, podendo ter filhos; outras optam por estudar, trabalhar, viajar, de modo independente. A fase de crescimento e desenvolvimento do corpo encerrou-se na etapa anterior, a adolescência.

Velhice

As pessoas nesta fase, também denominada terceira idade, são chamadas de idosas. Geralmente nesta fase surgem os cabelos brancos, e as pessoas já acumularam muitos conhecimentos, que podem ser úteis a todos. Os idosos merecem todo o nosso respeito.

- Em que fase da vida você está?

____

- Há algum acontecimento do início da sua infância de que você se recorde? Compartilhe com os colegas.
- Você convive com pessoas idosas? Você as trata com respeito?

____

OS SENTIDOS

Ouvir, ver, tocar, sentir cheiros e diferenciar sabores nos ajuda a perceber o que se passa à nossa volta.

Leia o poema sobre esse assunto.

Simone Ziasch/Arquivo da editora

O MEU CORPO

Eu tenho dois olhos
que são para ver.

Eu tenho um nariz
que é bom para cheirar.

Eu tenho uma boca:
serve para comer.

E eu tenho orelhas
que são para escutar.

Tenho duas pernas
e tenho dois braços.

Que servem para andar
e para os abraços.

ROCHA, Ruth; NORO, João. *Meu corpo*.
São Paulo: Melhoramentos, 1983.

- **Que partes do corpo são citadas no poema? Você acha que todas essas partes são importantes? Por quê?**

___

___

___

Os órgãos dos sentidos do corpo humano (orelhas, olhos, pele, nariz e língua) captam os estímulos do ambiente e os enviam para o cérebro, parte do encéfalo, que recebe as informações e reconhece as sensações.

órgãos: partes de um organismo que desempenham funções específicas.

encéfalo: é o órgão mais importante para a manutenção das atividades corporais.

Christiane Messias/Arquivo da editora

AUDIÇÃO

Você já notou quantos sons diferentes existem ao nosso redor? Experimente fechar os olhos por alguns segundos e prestar atenção nos sons do ambiente. Você consegue identificar de onde vêm esses sons?

Piotr Marcinski/Shutterstock/Glow Images

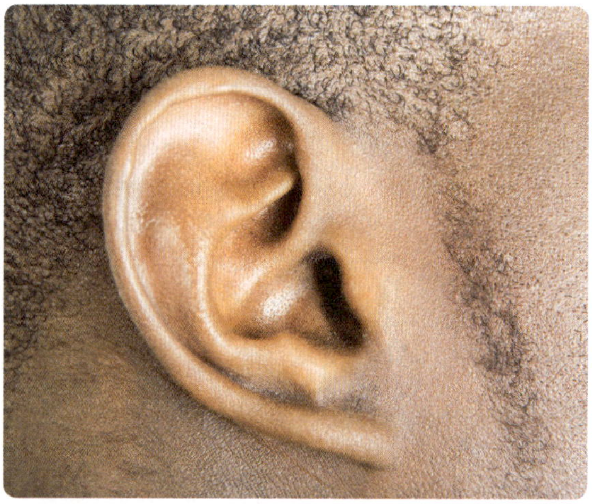

Orelha humana. A parte mais externa da orelha se chama **pavilhão auditivo**.

As orelhas são os órgãos do sentido da **audição**. Elas captam diferentes sons do ambiente.

Algumas pessoas que não escutam utilizam a linguagem de sinais e a leitura labial para se comunicar. Há casos em que um **aparelho auditivo** pode ajudar uma pessoa a ouvir melhor.

Brian Mitchell/Corbis/Latinstock

Comunicação por linguagem de sinais.

- Destaque o alfabeto manual do **Material Complementar** e aprenda a soletrar algumas palavras em libras (a língua brasileira de sinais).

VISÃO

Repare na imagem ao lado. O que mais chama sua atenção?

Os olhos são os órgãos do sentido da **visão**. Eles são sensíveis à luz e nos permitem identificar as cores, o formato e a posição dos objetos.

- **Destaque outras obras do artista Victor Vasarely do Material Complementar e conheça um pouco mais desse trabalho que estimula e confunde o sentido da visão.**

Reprodução/Coleção particular

Vega-Gyongiy-2, acrílico sobre madeira de Victor Vasarely (1971).

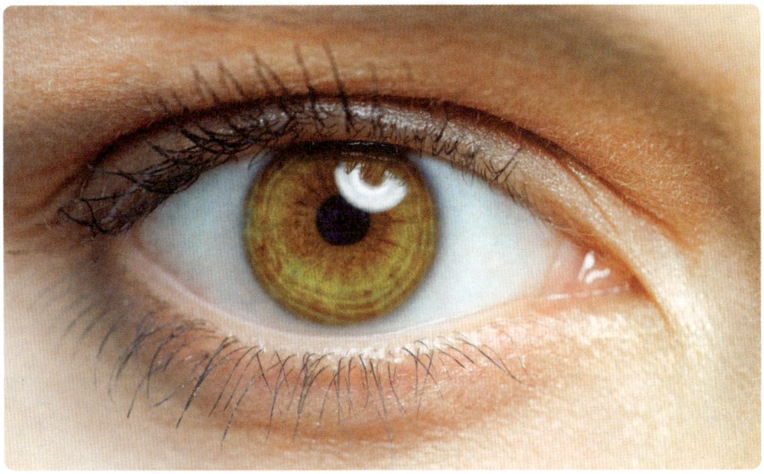

Pressmaster/Shutterstock/Glow Images

Olho humano.

Serhiy Kobyakov/Shutterstock

Muitas pessoas compensam certas deficiências na visão com o uso de óculos ou de lentes de contato. Mas há deficientes visuais que não enxergam nada. Essas pessoas utilizam os outros sentidos para perceber o mundo, como a audição, o olfato e o tato.

TATO

Mesmo no escuro, com os olhos fechados, podemos identificar muitas das coisas que tocamos.

A pele é o órgão do sentido do **tato**.

Por meio do tato conseguimos sentir um leve toque, se no ambiente está frio ou calor, reconhecer se um objeto é áspero ou liso, se é duro ou macio, etc.

Para quem não enxerga ou enxerga muito pouco, é possível ler por meio do **sistema braile**, que utiliza o sentido do tato.

Kamira/Shutterstock

Alsu/Shutterstock/Glow Images

Leitura baseada na percepção pelo tato.

OLFATO

Observe a história em quadrinhos.

- **O que aconteceu na história em quadrinhos? Qual dos órgãos dos sentidos foi utilizado pelos personagens?**

O nariz é o órgão do sentido do **olfato**. Ele não só nos ajuda na respiração como também pode detectar muitos cheiros. Alguns cheiros são agradáveis, como o cheiro de uma comida de que gostamos, ou ruins, como o cheiro de fumaça que alguns carros soltam. O olfato também pode nos auxiliar a perceber um perigo, como o cheiro de gás vazando.

GUSTAÇÃO

Observe as imagens.

Mijang Ka/Flickr RF/Getty Images

Oksana Kuzmina/Shutterstock

Por meio da língua percebemos os gostos: ela é o órgão do sentido da **gustação** ou **paladar**.

A língua é coberta por milhares de papilas linguais, que são sensores minúsculos capazes de reconhecer o sabor e a temperatura (quente, morna, fria) de alimentos e bebidas.

O olfato e a gustação estão relacionados: sentimos os sabores com a língua e identificamos os diferentes gostos com a ajuda do nariz. Por isso, quando estamos gripados não sentimos direito o gosto dos alimentos.

- Você e os colegas vão observar como alguns de seus sentidos funcionam em conjunto. Para isso, o professor vai disponibilizar para vocês alguns alimentos, alguns objetos e uma venda, que um aluno por vez vai utilizar. Siga as etapas:

1. Primeiro, coloque a venda nos olhos. Tampe então o nariz com a mão. O professor lhe dará um alimento para provar, e você deverá tentar descobrir o que é.

2. Depois, destampe o nariz. O professor lhe dará outro pedaço do mesmo alimento que você provou com o nariz tampado. Você deverá então comparar o gosto que sentiu com o nariz tampado e o que sentiu com o nariz destampado.

3. Sem tirar a venda, toque alguns objetos que o professor vai separar. Manuseie-os com cuidado e diga o que você acha que é e como você chegou à sua conclusão.

Simone Ziasch/Arquivo da editora

- **Depois de passar pela experiência, converse com os colegas e o professor: vocês sentiram alguma diferença entre o sabor do alimento que ingeriram com o nariz tampado e com o nariz destampado? E quanto aos objetos, sentiram alguma dificuldade em tentar identificá-los sem que pudessem vê-los?**

NESTE CAPÍTULO, VOCÊ VIU QUE:

- Os seres humanos passam por mudanças nas diferentes fases da vida, e cada uma delas tem características e comportamentos próprios.
- O ser humano percebe o ambiente por meio dos órgãos dos sentidos.

LEITURA DE IMAGEM

TROCANDO CONHECIMENTOS

Crianças, adolescentes, adultos e idosos têm conhecimentos diferentes. Certamente, você já aprendeu algo com pessoas mais velhas e mais novas e também ensinou alguma coisa a alguém.

OBSERVE

Fabio Columbini/Acervo do fotógrafo

Crianças do povo Guarani-Mbyá aprendendo artesanato em sua aldeia.

1. As crianças mostradas na imagem parecem ser:

☐ da mesma fase da vida. ☐ de fases diferentes da vida.

2. Em que fase da vida está a pessoa que ensina a fazer artesanato?

____

____

3. Que partes do corpo as crianças podem estar colocando em ação para aprender a fazer o artesanato? Como é possível saber?

4. As pessoas que aparecem na imagem ao lado estão em que fase da vida?

Gawrav Sinha/The Agency Collection/Getty Images

Jovem indiano e o avô, com aparelho de telefone celular moderno.

5. Qual delas parece estar ensinando artesanato à outra? Como é possível saber?

ANALISE

6. Nas duas fotografias, observamos que:

- [ ] o interesse em aprender aparece em qualquer cultura e em qualquer fase da vida.
- [ ] podemos sempre aprender algo com diferentes pessoas.
- [ ] só as crianças têm interesse em aprender.

RELACIONE

7. Você acha importante que as pessoas que vivem de modos diferentes troquem conhecimentos entre si? Por quê?

ATIVIDADES DO CAPÍTULO

1. Observe a imagem. Ela representa as diferentes fases do ciclo de vida de um ser humano.

Vicente Mendonça/Arquivo da editora

a) Faça um **X** na imagem que representa a fase de vida em que estão os seus pais ou responsáveis. Abaixo, escreva que fase é essa.

b) O que há de diferente entre a figura que representa a infância e a que representa a fase adulta?

2. Em casa, peça aos seus pais ou responsáveis que mostrem fotos suas da época em que você era bebê. Escreva no caderno quais mudanças ocorreram no seu corpo.

3. Identifique qual é o órgão dos sentidos mais usado em cada situação.

Ilustrações: Simone Ziasch/Arquivo da editora

____

____

____

____

4. Observe as imagens dos alimentos abaixo e faça um **X** no quadro para indicar que sabor você acha que cada alimento apresenta com mais intensidade.

As imagens desta página não estão representadas em proporção.

Fotos: Da esquerda para a direita: Tobik/Shutterstock/Glow Images, Madlen/Shutterstock/Glow Images, Valentyn Volkov/Shutterstock/Glow Images, Nattika/Shutterstock/Glow Images, Margouillat Photo/Shutterstock/Glow Images

Amargo					
Doce					
Azedo					
Salgado					

- Com os colegas e com a supervisão de um adulto, experimente cada um dos alimentos do quadro acima. Depois, converse com os colegas se o que você imaginou sobre o gosto deles se confirmou ou não.

ENTENDER E PRATICAR CIÊNCIAS

VOCÊ ME ENTENDE?

Você acha que os sentidos são necessários para se comunicar com outras pessoas? Vamos fazer uma experiência para você perceber isso melhor!

Ilustrações: Vicente Mendonça/Arquivo da editora

Primeira parte

- Forme uma dupla com um colega e tentem se comunicar sem usar a fala. Vocês podem desenhar, fazer mímicas ou usar outros recursos.
- Com os recursos escolhidos, tente fazer seu colega entender o que você está "dizendo". Depois invertam os papéis.

Agora que você e seu colega já experimentaram produzir e entender informações sem usar a fala, responda às questões.

1. Seu colega conseguiu entender tudo o que você "disse" ou somente uma parte? Qual informação ele não entendeu?

2. Você conseguiu entender tudo o que seu colega "disse"?

   - Qual das informações passadas por ele você não entendeu? Por que você acha que isso aconteceu?

3. Foi mais fácil tentar comunicar algo ou tentar entender o que estava sendo passado pelo colega?

4. Que sentidos geralmente utilizamos quando conversamos com alguém?

- Nesta atividade qual dos sentidos você não pôde usar?

Segunda parte

Nesta proposta você vai "falar" algo para o seu colega apenas mexendo os lábios, sem emitir sons. Ele fará o mesmo com você.

- Escolha uma frase e tente transmiti-la para o colega apenas movimentando os lábios.
- Você achou mais fácil transmitir informações desta forma ou como fez na primeira parte desta atividade, usando gestos? Por quê?

CAPÍTULO

12 CUIDADOS COM A SAÚDE

HIGIENE PESSOAL

Para manter a saúde do corpo, é preciso cultivar alguns hábitos. Veja a história em quadrinhos e responda às questões no caderno.

Ilustrações: Renato Ventura/Arquivo da editora

- Nessa história, o que a criança fez para cuidar da limpeza do corpo?
- Quais desses cuidados com o corpo você costuma ter?
- De qual deles você mais gosta? Por quê?
- Além desses, que outros cuidados com o corpo devemos ter?
- Em que fase da nossa vida outras pessoas são responsáveis pela limpeza do nosso corpo?

Manter nosso corpo limpo é muito importante para evitarmos doenças. Hábitos de higiene pessoal e outros cuidados são importantes para a saúde.

Tomar banho diariamente, usar roupas limpas, lavar as mãos, manter as unhas curtas e limpas, não andar descalço e escovar os dentes são alguns dos hábitos de higiene pessoal que devemos ter diariamente.

higiene: conjunto de hábitos que conduzem ao bem-estar e à saúde.

Higiene bucal

Depois que comemos, restos de alimentos ficam presos nos dentes e na língua, causando cáries e outros problemas. Por isso, ao acordar, após as refeições e antes de dormir, devemos sempre escovar os dentes.

Veja as etapas da higienização bucal.

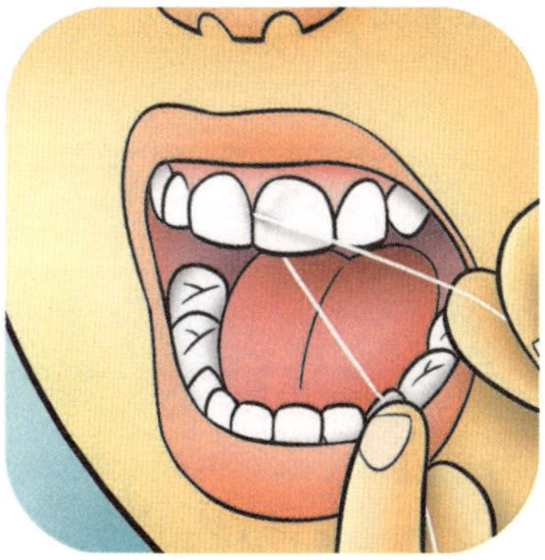

1. Use o fio dental para limpar entre os dentes.

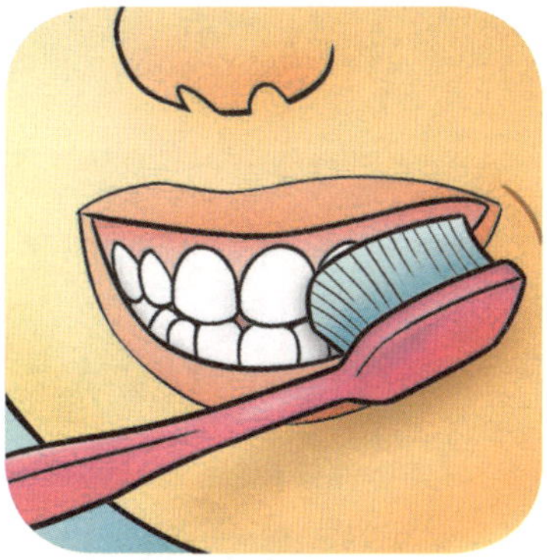

2. Com a escova inclinada, escove da gengiva à ponta dos dentes.

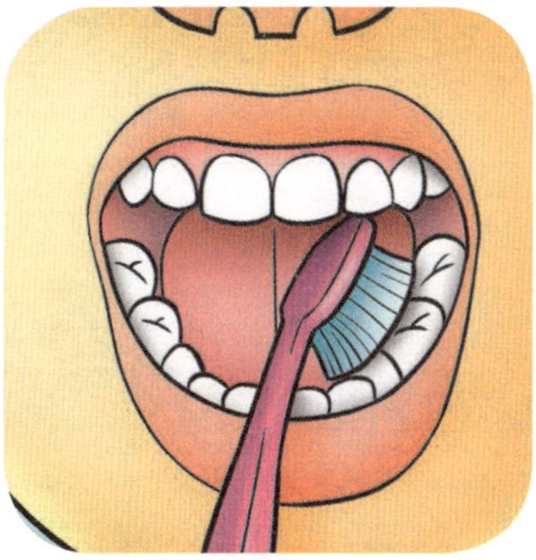

3. Escove o lado dos dentes que fica em contato com a língua.

Ilustrações: Renato Ventura/Arquivo da editora

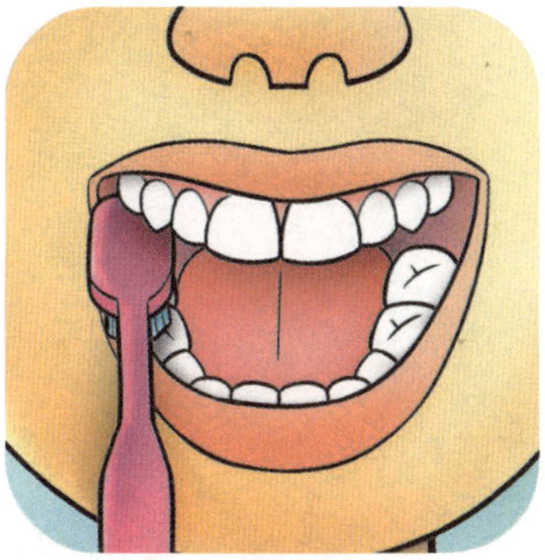

4. Escove os dentes de trás.

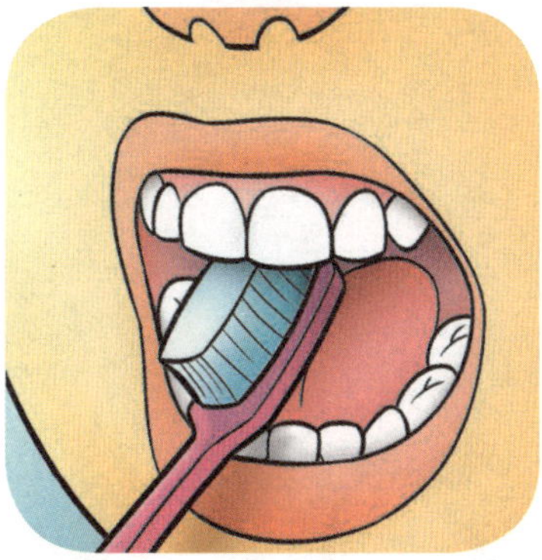

5. Escove a parte interna dos dentes.

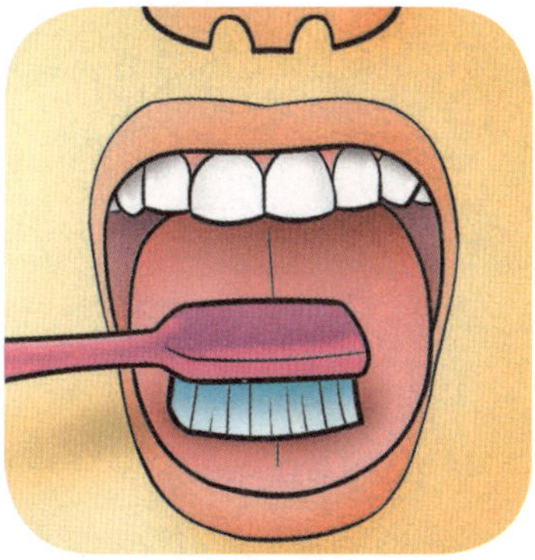

6. Não se esqueça de escovar a língua.

HIGIENE DOS AMBIENTES

- **Que outros hábitos devemos ter para manter a saúde?**

Além da higiene do nosso corpo, existem outros hábitos que devemos cultivar para ter um corpo saudável, como nos alimentar de forma saudável, cuidar da conservação dos alimentos, beber bastante água, dormir em média 8 horas por dia e praticar esportes.

Precisamos também contribuir para a limpeza e a organização dos locais que frequentamos, como nossa casa, nossa escola, nosso bairro, nossa cidade, para termos um ambiente agradável e que faça bem a todos.

- **Complete o quadro com três exemplos de hábitos de higiene dos ambientes que são realizados em sua casa e na escola.**

Em casa	Na escola

Simone Ziasch/Arquivo da editora

A limpeza e a conservação dos lugares que frequentamos dependem da atitude que temos em relação a eles.

Em casa, podemos organizar nossos objetos pessoais, nosso quarto e ajudar quem estiver cuidando da limpeza para que toda a família possa viver em um ambiente saudável.

Na escola também há muitas maneiras de contribuirmos. Veja algumas:

- Organizar as carteiras e outros objetos da sala de aula.
- Manter o chão, as paredes e as carteiras limpas.
- Preservar os trabalhos expostos pelos colegas.
- Manter os banheiros limpos.
- Colocar o lixo nas lixeiras adequadas.

Simone Ziasch/Arquivo da editora

PREVENÇÃO DE ACIDENTES

prevenção: preparação antecipada adotando certos cuidados para evitar determinado mal.

Dentro e fora de casa existem situações que podem resultar em acidentes. Muitos desses acidentes podem ser evitados se tomarmos alguns cuidados.

Podemos ter atitudes de prevenção para garantir nossa saúde.

- **Proponha legendas para avisar as pessoas dos perigos que existem nestas situações.**

Ilustrações: Renato Ventura/Arquivo da editora

Em casa existem objetos e situações que ameaçam nossa saúde. Se não ficarmos atentos, podemos nos queimar, nos intoxicar e nos machucar.

Conheça algumas formas de evitar acidentes domésticos.

Cortes e queimaduras – Na cozinha, evite o contato com objetos cortantes e fique atento ao fogão, que pode estar com o fogo aceso ou o forno ligado.

Ilustrações: Renato Ventura/Arquivo da editora

Quedas – É preciso tomar cuidado com janelas, sacadas, escadas e lajes. Se precisar de algum objeto e não conseguir alcançá-lo, peça ajuda a um adulto.

Intoxicação – Produtos de limpeza, venenos e cosméticos são tóxicos e não devem ser ingeridos. Remédios também podem causar envenenamento e devem ser tomados com orientação médica.

Afogamento – Em piscinas ou banheiras, esteja sempre acompanhado de um adulto, mesmo que você saiba nadar ou que os locais sejam considerados rasos.

NESTE CAPÍTULO, VOCÊ VIU QUE:

- Manter hábitos de higiene pessoal e dos ambientes é muito importante para a saúde.
- Existem situações em que nossa saúde pode ser colocada em risco.
- Há acidentes que podem ser evitados.

ATIVIDADES DO CAPÍTULO

1. Cite três cuidados que devemos ter em relação a nossa higiene pessoal.

2. Com a ajuda do professor, pesquise quais cuidados devemos ter com a água e com os alimentos que consumimos. Registre o que descobriu abaixo.

3. Como devemos cuidar da nossa saúde bucal?

4. Uma boa alimentação é muito importante para a saúde. Desenhe abaixo uma refeição que você considera saudável.

5. Circule a cena que apresenta uma situação que pode colocar em risco a saúde de uma pessoa. No caderno, explique sua escolha.

Ilustrações: Renato Ventura/Arquivo da editora

6. Você já reparou como fica o espaço utilizado para a realização de uma festa infantil quando ela termina? Observe a imagem abaixo.

a) É possível notar uma preocupação das pessoas com a higiene do local?

____

b) Cite algo que aparece na imagem que comprova sua resposta.

____

____

c) Quando vai a uma festa, você se preocupa em jogar o lixo no local adequado e não desperdiçar alimentos?

ENTENDER E PRATICAR CIÊNCIAS

A SAÚDE EM CARTAZ

Você sabia que brincar também é uma maneira de manter o corpo saudável? Vamos ver como é divertido ser saudável!

Perguntas

1. Que hábitos de higiene pessoal devemos ter para manter a saúde do corpo?
2. Além da higiene, que outros hábitos saudáveis devemos cultivar?

Pesquisa

- Para responder a essas perguntas, utilize as informações deste livro e amplie seus conhecimentos fazendo uma pesquisa em outros livros, revistas, na internet, etc. Você também pode entrevistar profissionais da área da saúde e conhecer a opinião deles sobre o assunto.

Ilustrações: Vicente Mendonça/Arquivo da editora

Registro dos resultados da pesquisa

- Com os resultados da pesquisa, produza panfletos, cartazes, jornais, revistas, vídeos ou encene uma peça de teatro informando sobre a importância da higiene e de bons hábitos para a manutenção da saúde.

Apresentação

- Utilizando a sua produção e a de seus colegas, e com a ajuda do professor, vocês poderão criar uma campanha de conscientização e promoção da saúde e apresentá-la à comunidade escolar.
- Aproveite a oportunidade para realizar uma exposição ou programe um momento com as turmas menores ensinando como realizar uma escovação de dentes eficaz, por exemplo.

LER E ENTENDER

Você conhece algum texto que comece com a expressão "O que é, o que é"?

Os textos que começam dessa maneira são chamados de adivinhas, porque são brincadeiras de pergunta e resposta.

A seguir, você lerá algumas adivinhas. Veja se você consegue decifrá-las.

O que é, o que é:

Buraco sem serventia,
Não existe quem não tem,
Homem tem, mulher tem,
Velho e criança também?

AZEVEDO, Ricardo. *Armazém do folclore.* São Paulo: Ática, 2000. p. 94.

O que é, o que é:

É planta e anda no chão
Seu moço, não é abuso
Diga lá qual é a planta
Que no mundo tem mais uso?

AZEVEDO, Ricardo. *Armazém do folclore.* São Paulo: Ática, 2000. p. 52.

O que é, o que é:

Tem coroa, mas não é rei,
Tem raiz e não é planta
Às vezes pode doer
Trabalha muito na janta?

AZEVEDO, Ricardo. *Armazém do folclore.* São Paulo: Ática, 2000. p. 69.

Ilustrações: Christiane Messias/Arquivo da editora

ANALISE

1. Você já conhecia alguma dessas adivinhas?

____

2. Você achou as adivinhas fáceis ou difíceis? Por quê?

____

____

3. Observe como as adivinhas foram escritas e diga:

a) Como as adivinhas se organizam?

☐ Em versos. ☐ Em parágrafos.

b) O que se repete em cada uma das adivinhas?

____

4. Leia em voz alta as adivinhas e observe a sonoridade das palavras. O que elas têm de parecido com os poemas?

____

____

RELACIONE

5. As respostas que você e seus colegas deram para as adivinhas têm a ver com um assunto que estudaram nesta unidade. Qual assunto é esse?

☐ Cuidados com a saúde. ☐ Partes do corpo.

☐ Órgãos dos sentidos.

- Pinte em cada adivinha uma característica que o ajudou a chegar a essa resposta e que tem a ver com o que você estudou nesta Unidade.

O QUE APRENDI?

1. Observe novamente a imagem que aparece na abertura desta Unidade. Converse com os colegas e o professor e responda.

Christiane Messias/Arquivo da editora

a) Que semelhanças físicas existem entre as pessoas da imagem e você?

b) O que aparece nessa imagem que pode se relacionar com o tema saúde? Por quê?

c) Em qual fase da vida estão as pessoas representadas na imagem?

d) Que sensações relacionadas a cada um dos sentidos podemos ter em situações como esta?

2. Preencha as lacunas abaixo com as palavras do quadro:

parte do corpo	órgão dos sentidos
fase da vida	hábitos de higiene

a) Cabeça, tronco e membros são ______________________ humano.

b) Percebemos se a água do banho está quente ou fria por meio da pele, que é um ______________________.

c) A infância é a ______________________ em que brincamos e aprendemos a falar e a andar, entre outras coisas.

d) Tomar banho, lavar as mãos, escovar os dentes e lavar os alimentos antes de ingeri-los são ______________________ muito importantes para a manutenção de nossa saúde.

3. Este é o momento de pensar no que você aprendeu nesta Unidade. Indique com um **X** na tabela.

Conteúdos estudados	**Compreendi este conteúdo**	**Fiquei com algumas dúvidas e preciso retomar**	**Não compreendi e preciso retomar**
Capítulo 10 Características e partes do corpo humano			
Capítulo 11 Fases da vida e os sentidos			
Capítulo 12 Hábitos de higiene e prevenção de acidentes para manutenção da saúde			

Discuta com os colegas e o professor para entender melhor o seu percurso.

PARA SABER MAIS

LIVROS

Reprodução/Editora Ática

A ararinha do bico torto

Walcyr Carrasco. São Paulo: Ática, 2010.

Esta é a história de uma ararinha que nasceu na floresta com o bico torto e foi rejeitada por seus pais e irmãos. Caiu do ninho e foi encontrada por Pedro e seu filho Mário, que a levaram para casa.

Reprodução/Editora Scipione

Casinhas de bichos

Hardy Guedes Alcoforado Filho. São Paulo: Scipione, 2008.

Como são as moradias dos bichos? Em versos rimados, ficamos sabendo como é o ninho do passarinho, a casa do joão-de-barro, a teia da aranha, o formigueiro e a toca do tatu.

Reprodução/Editora Scipione

Era uma vez uma semente

Judith Anderson e Mike Gordon. São Paulo: Scipione, 2010.

Você sabe como uma semente se transforma em uma planta?

E de onde vêm as sementes? Conheça a história de uma menina que descobriu tudo isso e muito mais com o avó dela!

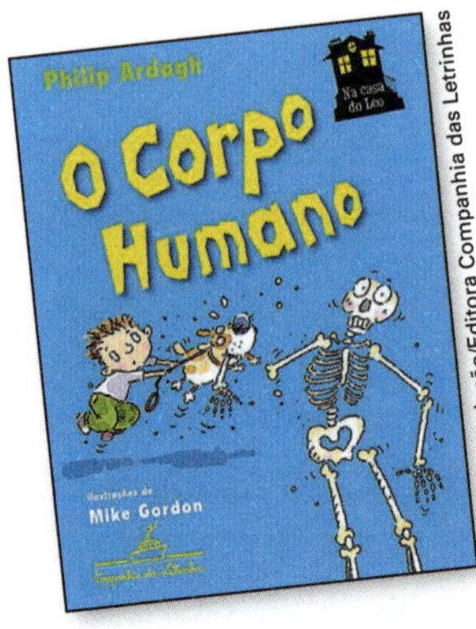

Reprodução/Editora Companhia das Letrinhas

O corpo humano

Philip Ardagh. São Paulo: Companhia das Letrinhas, 2011.

Leo vai receber a visita do Dr. Estênio Escópio e aprender muitas coisas sobre o corpo humano: que os bebês têm mais ossos que um adulto, que os nossos músculos mais poderosos são aqueles usados para morder, entre tantas outras coisas interessantes.

Reprodução/Editora Scipione

"Por que devo me lavar?"

Claire Llewellyn e Mike Gordon. São Paulo: Scipione, 2002.

A higiene serve para eliminar os germes, que, apesar de invisíveis, estão em toda parte. Algumas atitudes simples, como lavar as mãos, tomar banho, escovar os dentes, ajudam a evitar doenças causadas por eles.

Reprodução/Editora Panini Brasil

Saiba mais! Com a turma da Mônica: ecologia e meio ambiente

Mauricio de Sousa. Barueri: Panini Brasil, 2011.

Conheça, em divertidas histórias em quadrinhos da Turma da Mônica, um pouco mais sobre a natureza e seus fenômenos, os animais, as plantas e muito mais!

Reprodução/Editora Scipione

Tome cuidado em casa

Claire Llewellyn. São Paulo: Scipione, 2009.

A casa é um lugar muito especial, confortável e seguro. Mas é preciso ficar de olho naquilo que apresenta perigo: objetos afiados e cortantes, utensílios quentes, fios e plugues ligados à eletricidade, produtos de limpeza, medicamentos. É preciso garantir a própria segurança!

SITES

Reprodução/<chc.cienciahoje.uol.com.br>

Ciência hoje das crianças *on-line*

Este *site* traz uma série de informações interessantes, animações divertidas e experimentos da área de Ciências para crianças.

Disponível em: <chc.cienciahoje.uol.com.br>. Acesso em: 1º nov. 2015.

Reprodução/<http://discoverykidsbrasil.uol.com.br/jogos/vida-natural/>

Discovery kids – Jogo Vida Natural

Página com jogos gratuitos cuja temática é a natureza. Permite a abordagem de conceitos de forma simples e descontraída.

Disponível em: <http://discoverykidsbrasil.uol.com.br/jogos/vida-natural/>. Acesso em: 1º nov. 2015.

BIBLIOGRAFIA

BIZZO, Nélio. *Ciências*: fácil ou difícil? São Paulo: Ática, 2002.

BRASIL. Secretaria de Educação Fundamental. *Parâmetros Curriculares Nacionais*. Brasília: MEC/SEF, 1997.

CAMPOS, Maria C. C. et al. *Didática de Ciências*: o ensino-aprendizagem como investigação. São Paulo: FTD, 1999.

COLL, César. *Aprendendo Ciências*. São Paulo: Ática, 1999.

__________ et al. *Aprendizagem escolar e construção do conhecimento*. Porto Alegre: Artmed, 1994.

COLOMER, Tereza; CAMPS, Ana. *Ensinar a ler, ensinar a compreender*. Porto Alegre: Artmed, 2002.

ESPINOSA, Ana Maria. *Ciências na escola:* novas perspectivas para a formação dos alunos. São Paulo: Ática, 2010.

GROSSO, A. B. *Eureka! Práticas de Ciências para o Ensino Fundamental*. São Paulo: Cortez, 2006. (Coleção Oficinas – Aprender fazendo).

KOHL, Mary Ann F.; POTTER, Jean. *Descobrindo a ciência pela arte*: propostas de experiências. Porto Alegre: Artmed, 2003.

LERNER, Delia et al. *Piaget – Vygotsky*: novas contribuições para o debate. São Paulo: Ática, 1995.

LUCKESI, Cipriano C. *Avaliações da aprendizagem escolar*. São Paulo: Cortez, 2005.

MACEDO, Lino. *Ensaios construtivistas*. São Paulo: Casa do Psicólogo, 1994.

PERRENOUD, Philippe. *Dez novas competências para ensinar*. Porto Alegre: Artmed, 2000.

__________; THURLER, Mônica G. *As competências para ensinar no século XXI*. Porto Alegre: Artmed, 2002.

VYGOTSKY, L. S. *Formação social da mente*. São Paulo: Martins Fontes, 1984.

WEISSMANN, Hilda (Org.). *Didática das Ciências Naturais*: contribuições e reflexões. Tradução de Beatriz Affonso Neves. Porto Alegre: Artmed, 1998.

ZABALA, Antoni. *A prática educativa*: como ensinar. Tradução de Ernani. F. da F. Rosa. Porto Alegre: Artmed, 1998.

Ricardo Souza/Arquivo da editora

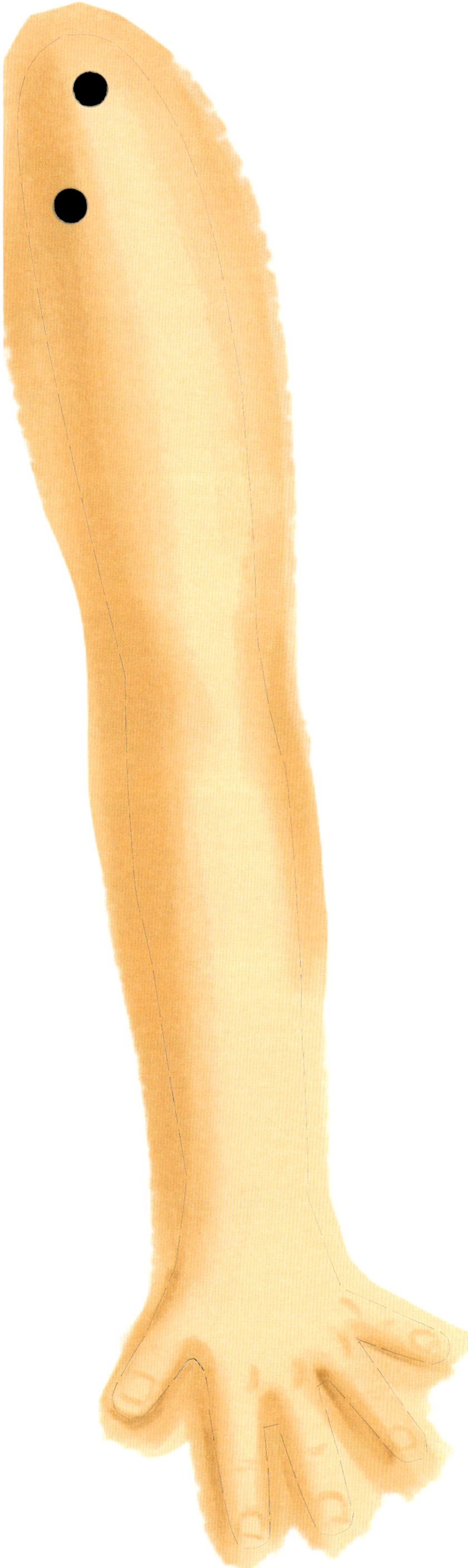

Ricardo Souza/Arquivo da editora

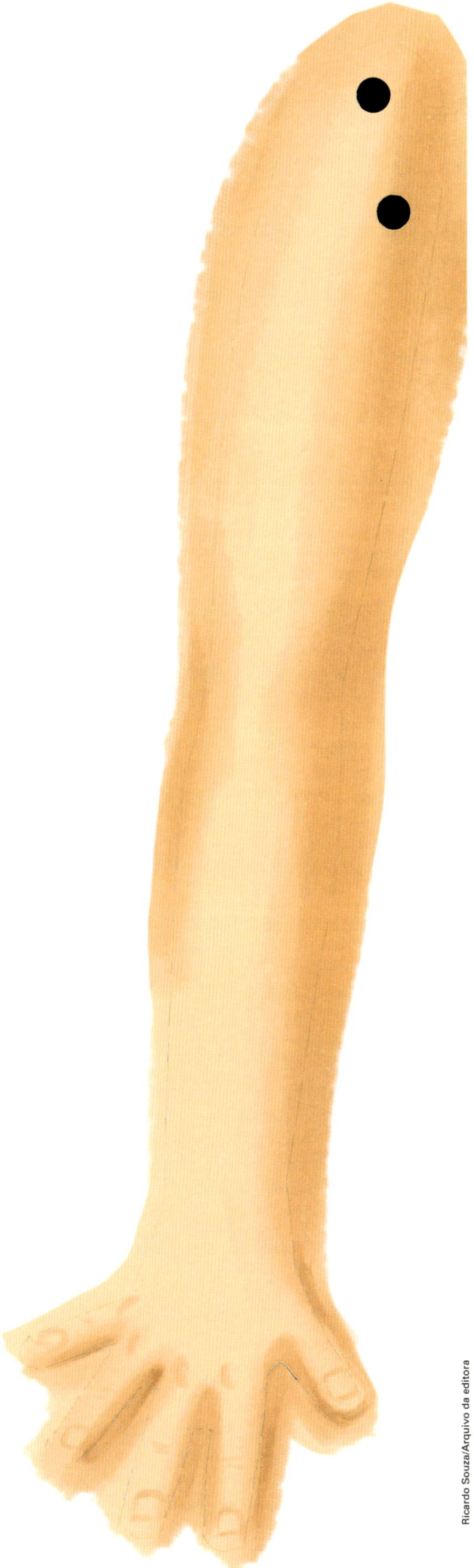

Ricardo Souza/Arquivo da editora

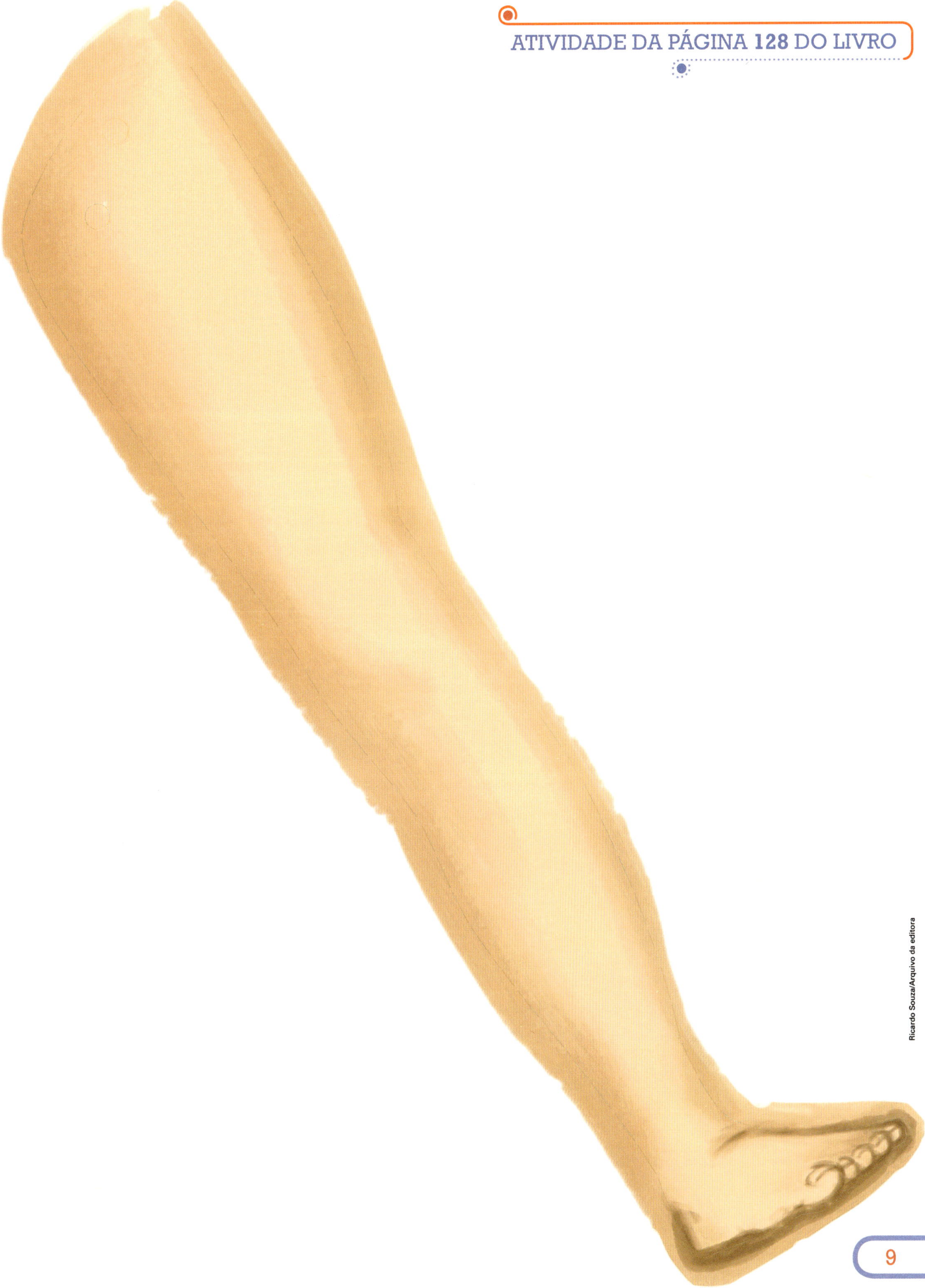

Ricardo Souza/Arquivo da editora

ATIVIDADE DA PÁGINA 128 DO LIVRO

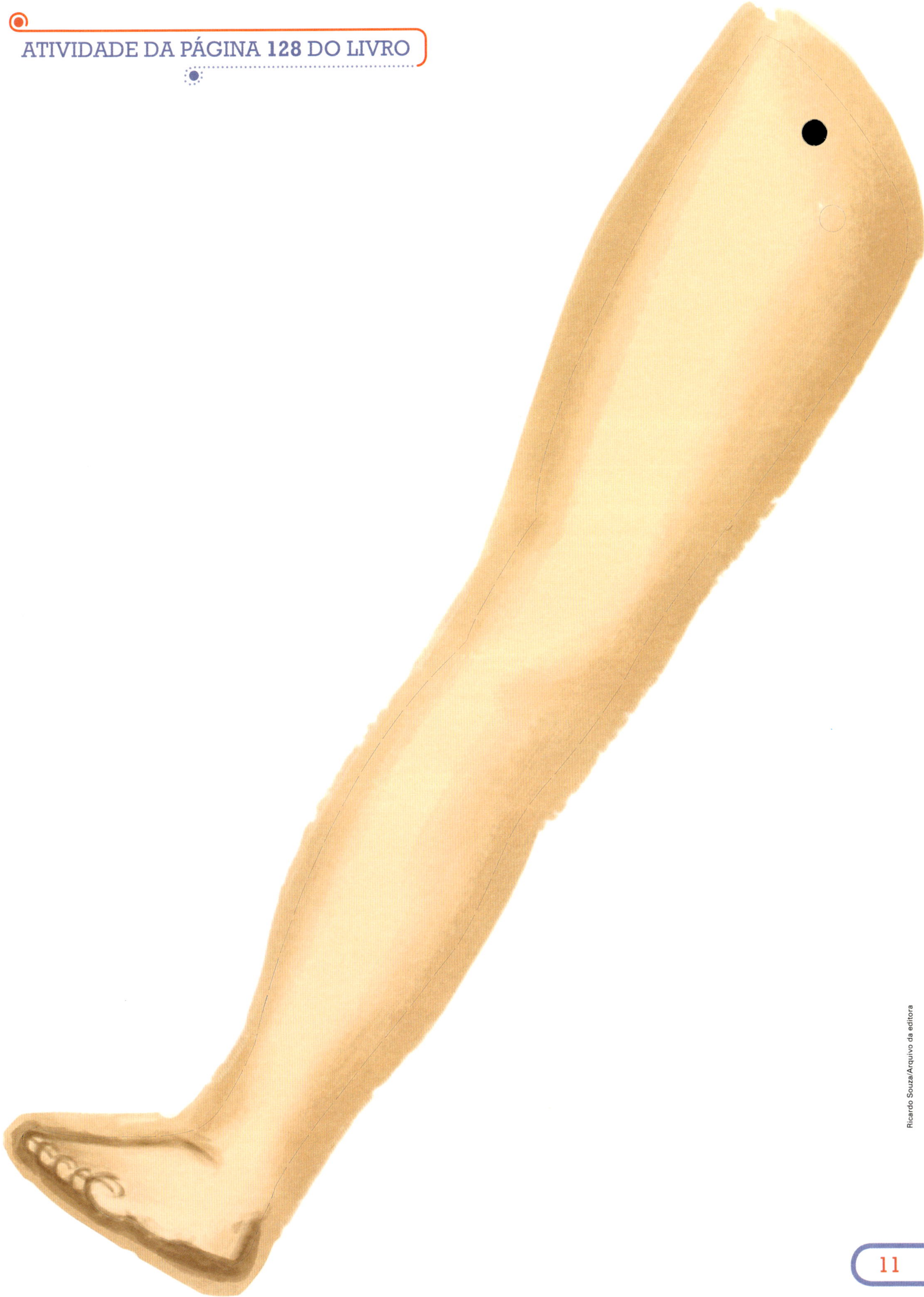

Ricardo Souza/Arquivo da editora

Fotos: Eduardo Santaliestra/
Arquivo da editora

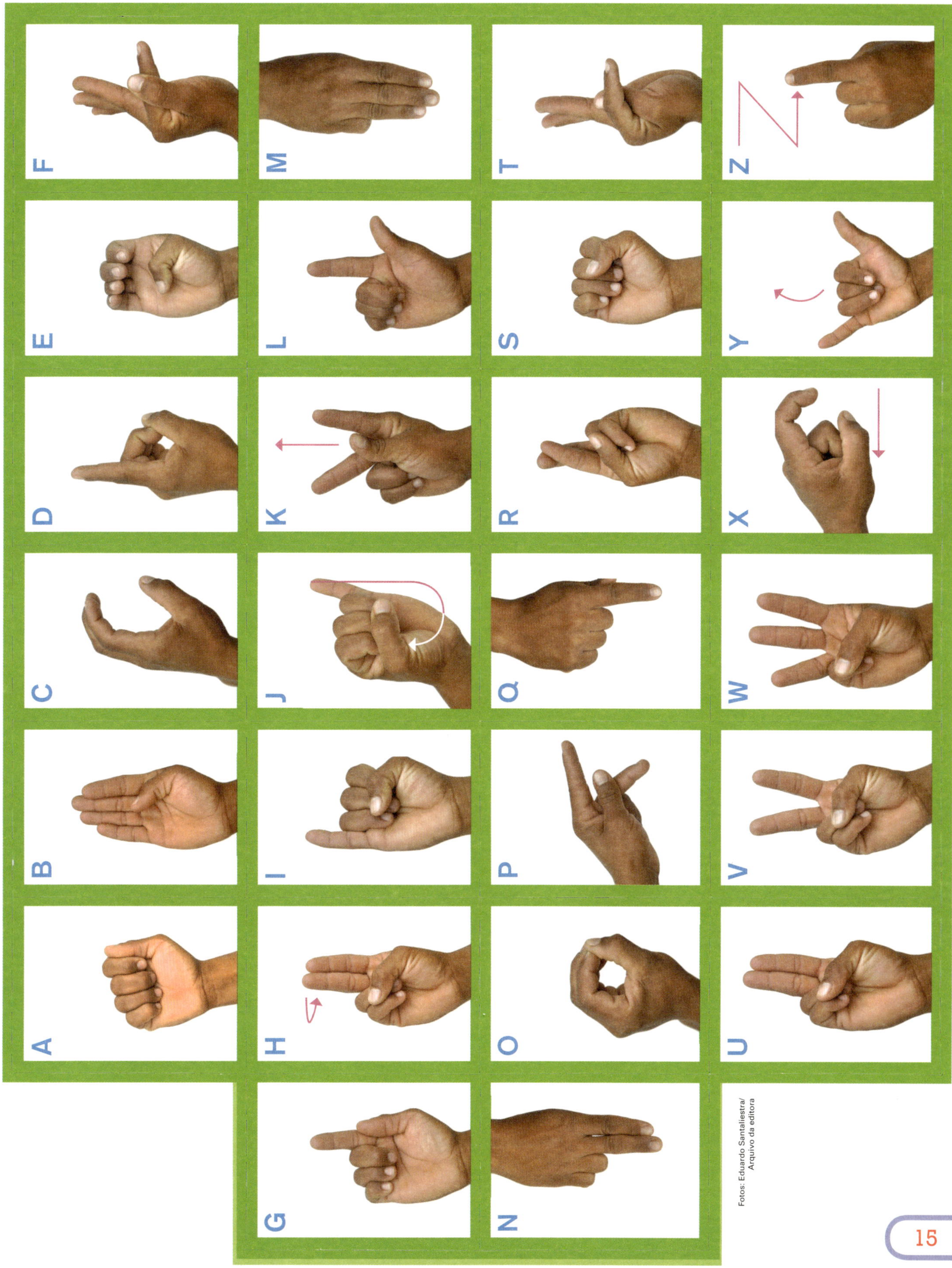

Fotos: Eduardo Santaliestra/
Arquivo da editora

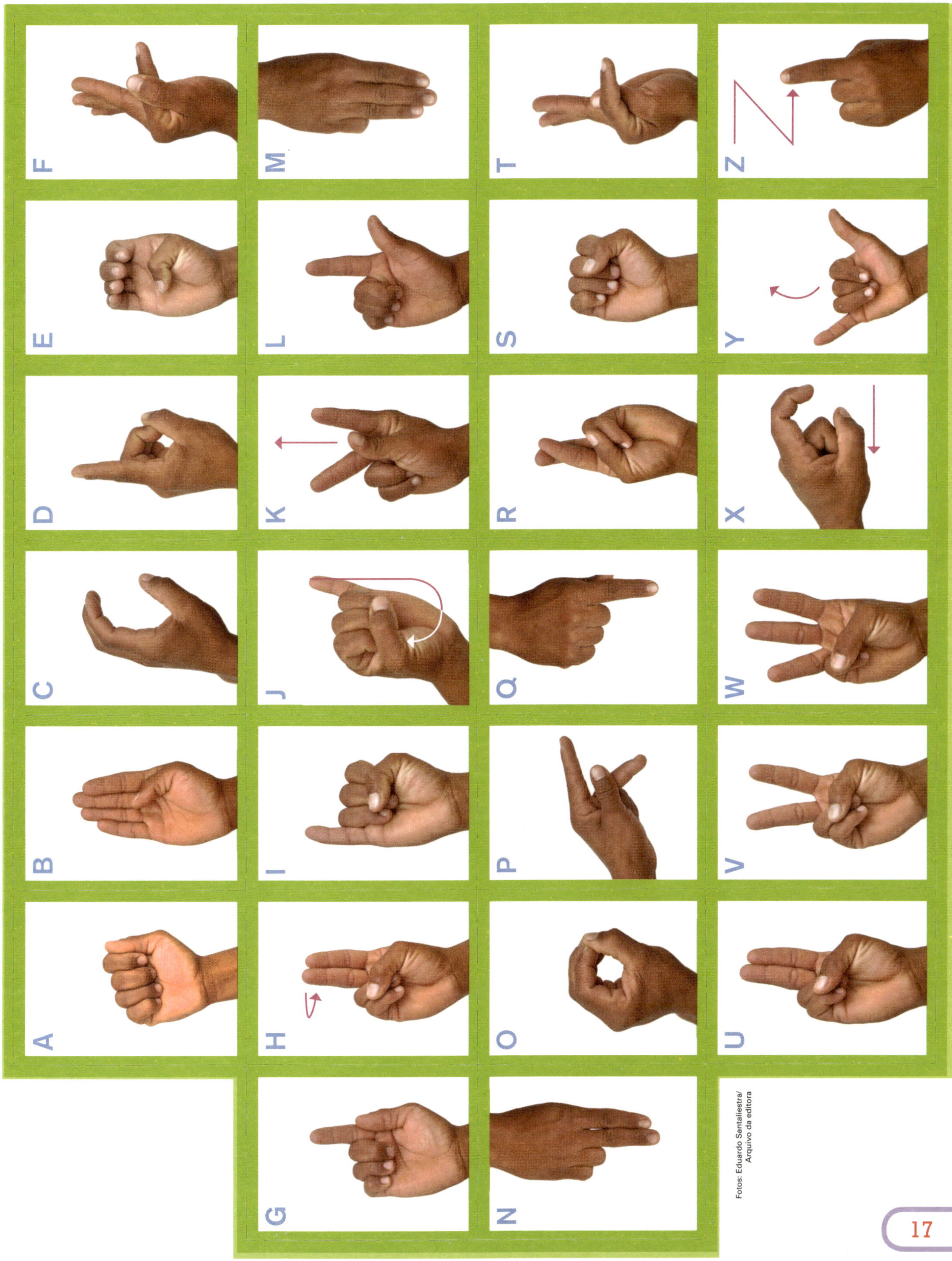

Fotos: Eduardo Santaliestra/Arquivo da editora

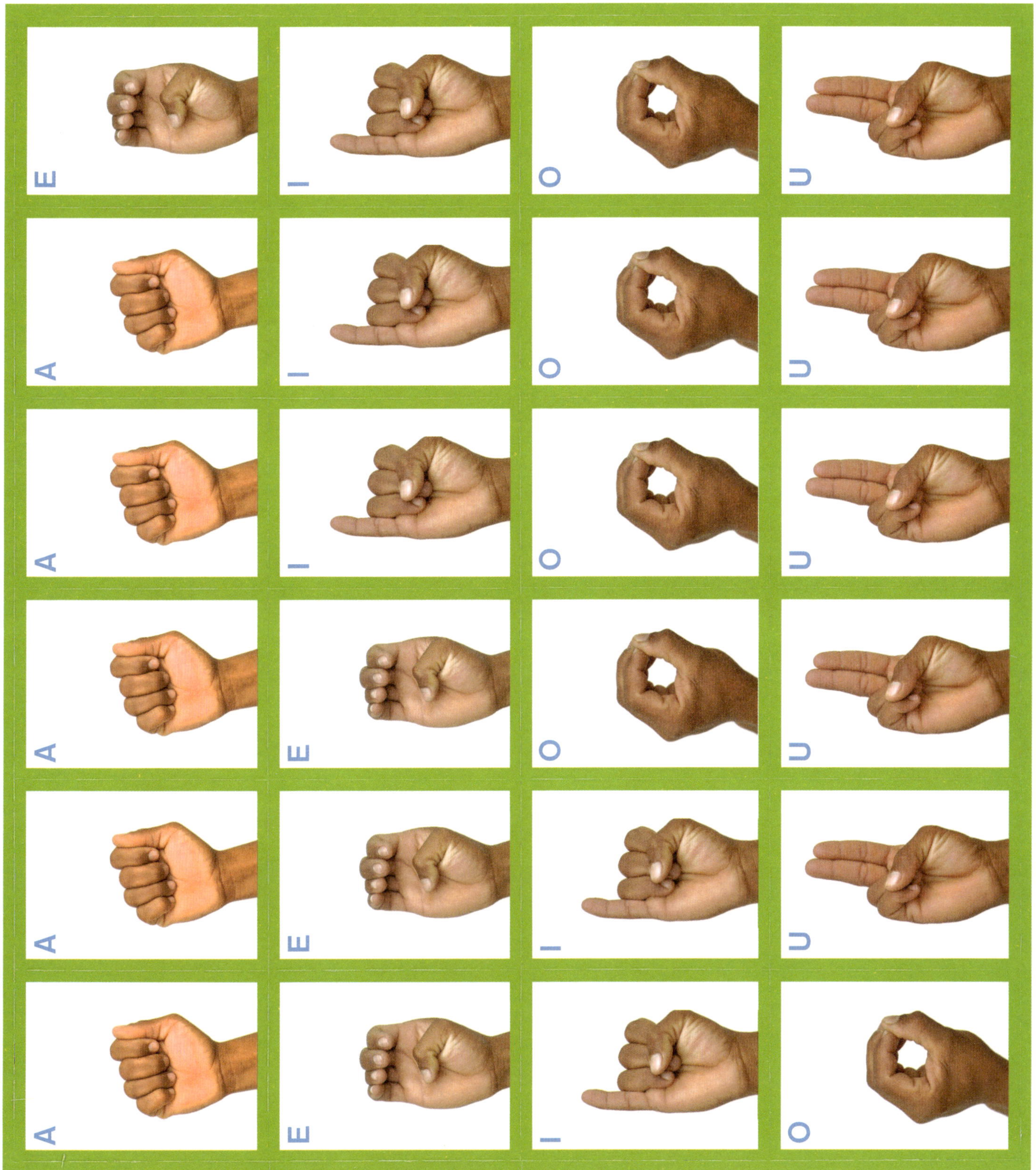

Fotos: Eduardo Santaliestra/
Arquivo da editora

NO CAMINHO ERRADO, DE VICTOR VASARELY, 1944-1947.

ZEBRAS, DE VICTOR VASARELY, 1989.

ADESIVOS PARA A ATIVIDADE DAS PÁGINAS 106 E 107 DO LIVRO

Fabio Colombini/Acervo do fotógrafo

Eric Gevaert/Shutterstock/Glow Images

Matt Jeppson/Shutterstock/Glow Images

Fabio Colombini/Acervo do fotógrafo

Du Zuppani/Pulsar Imagens

Fabio Colombini/Acervo do fotógrafo